Lisa-Marie Roth

Von der Idee zum *next big thing*

Wie Startups externe Kommunikation einsetzen

Nomos

Die Deutsche Nationalbibliothek verzeichnet diese Publikation in der Deutschen Nationalbibliografie; detaillierte bibliografische Daten sind im Internet über http://dnb.d-nb.de abrufbar.

ISBN 978-3-8487-3325-5 (Print)
ISBN 978-3-8452-7665-6 (ePDF)

1. Auflage 2016

Vorwort

In den letzten Jahren habe ich durch Tätigkeiten in Startups in den Bereichen Marketing und Public Relations einen sehr guten Einblick in diese spezielle Unternehmensform erhalten und mich in der Praxis mit der externen Kommunikation von Startups beschäftigt. Die Unternehmen stehen vor der Herausforderung, strategisch wichtigen Zielgruppen sowohl ein neues Unternehmen als auch ein neues Produkt näherzubringen. Wie sie dieser Herausforderung kommunikativ begegnen, ist bisher weitgehend unerforscht. Mit vorliegender Arbeit möchte ich einen Beitrag zur Schließung der Forschungslücke leisten. Hierzu habe ich untersucht, wie in Startups externe Kommunikation geplant und durchgeführt wird und was die Verantwortlichen unter externer Unternehmenskommunikation verstehen. Dabei wird unter anderem auf das Spannungsverhältnis zwischen Public Relations und Marketingkommunikation eingegangen.

Als eine der ersten, die die externe Unternehmenskommunikation von Startups aus wissenschaftlicher Perspektive betrachtet, richtet sich die Arbeit zum einen an Forscher auf diesem Gebiet aber auch an Praktiker. Denn durch meine Tätigkeiten und durch den engen Kontakt zu Kommunikationsverantwortlichen in Startups weiß ich, dass auch in der Praxis der Bedarf nach theoretischen Ansätzen und Modellen besteht, die sich mit der Kommunikation von Startups beschäftigen.

Bei der Arbeit handelt es sich um meine Master-Thesis, die ich angefertigt habe im Rahmen des Studiengangs Internationale Public Relations an der Ludwig-Maximilians-Universität München am Lehrstuhl von Prof. Dr. Romy Fröhlich. Ihr gilt an dieser Stelle mein Dank. Herzlich bedanken möchte ich mich auch bei Dr. Clarissa Schöller für ihren wertvollen Input während der Bearbeitungszeit. Ein besonderer Dank gilt auch meiner Familie und meinen Freunden für die moralische Unterstützung, die unermüdliche Diskussionsbereitschaft und das Korrekturlesen.

An dieser Stelle möchte ich darauf hinweisen, dass aus Gründen der leichteren Lesbarkeit in der Arbeit auf eine geschlechterspezifische Differenzierung, wie Befragte/r oder InterviewpartnerInnen, verzichtet wird. Im Sinne der Gleichbehandlung gelten die verwendeten Begriffe für beide Geschlechter.

München im Juli 2016 — Lisa-Marie Roth

Inhaltsverzeichnis

Tabellenverzeichnis

Abbildungsverzeichnis

1 Einleitung

Gründungen kommt in der Bundesrepublik Deutschland mittlerweile eine hohe wirtschaftliche, gesellschaftliche und politische Relevanz zu. Dies wird schon daran ersichtlich, dass die Bundesregierung eine Initiative zur Stärkung des Gründungspotenzials ins Leben gerufen hat (Bundesministerium für Wirtschaft und Technologie, 2013). Entsprechende Beratungs- und Förderprogramme werden nicht nur von der Regierung, sondern auch von der Europäischen Kommission unterstützt (Bundesministerium für Wirtschaft und Technologie, 2015; European Commission, 2015; German Accelerator Inc., 2015). Daneben spielt das Gründungsgeschehen in der Universitätslandschaft eine Rolle. Es wurden bisher rund 130 Entrepreneurship-Professuren an entsprechenden Lehrstühlen geschaffen (Stand: 2015), die zukünftige Gründer ausbilden, unterstützen und als Raum für die Entwicklung neuer Ideen dienen (Förderkreis Gründungs-Forschung e.V., 2015, S. 14; Schefczyk & Pankotsch, 2003, S. 323).

Auch die wirtschaftliche Bedeutsamkeit von Gründungen ist unverkennbar. Im Jahr 2014 gründeten 915.000 Personen in der Bundesrepublik ein Unternehmen – 47.000 mehr als im Vorjahr (Metzger, 2015, S. 1-2). Rund drei Vierteil davon bauten eine Neugründung auf, durch die 745.000 vollzeitäquivalente Arbeitsplätze geschaffen wurden (ebd., S. 4). 23 Prozent der Gründer im Jahr 2013 und 16 Prozent der Gründer im Jahr 2014 kamen mit regionalen oder weltweiten Neuheiten auf den Markt, die als innovativ bezeichnet werden können (ebd., S. 7). Nach der Definition, die im weiteren Verlauf erarbeitet und zugrunde gelegt wird, handelt es sich bei innovativen Neugründungen um Startups. Wie hoch die Anzahl solcher Unternehmen tatsächlich ist, kann nicht exakt festgestellt werden. Dies ist darauf zurückzuführen, dass kein einheitliches Begriffsverständnis existiert und sich die Anzahl von Startups aufgrund ihres dynamischen Umfeldes ständig verändert (Achleitner und Bassen, 2003, S. 9). Dennoch haben sie erhebliche Auswirkungen auf die Volkswirtschaft und die regionale Wirtschaft (Kariv, 2013, S. 1734; Schefczyk & Pankotsch, 2002, S. 37). Gerade ihre Innovationskraft und Flexibilität können dazu beitragen, Entwicklungspotenziale der Wirtschaft zu stärken und Arbeitsplätze zu schaffen (Schefczyk & Pankotsch, 2002, S. 37). Startups beschäftigen im Schnitt 17 Mitarbeiter und können auf veränderte Bedingungen und Bedürfnisse in Markt und Gesellschaft eher reagieren als andere Unternehmen (Metzger, 2015, S. 7; Ripsas & Tröger, 2014, S. 29; Schefczyk & Pankotsch, 2002, S. 36). Außerdem streben sie an, sich in nur wenigen Jahren als *next big thing* zu etablieren. Sie setzen also auf ein hohes Wachstum. Eben jenes Streben nach überproportionalem Wachstum gilt als weiteres besonders Merkmal von Startups (Brettel, Engelen, Heinemann & Kessell, 2008, S. 1199). Daneben sind das geringe Alter und der Mangel an finanziellen und personellen Ressourcen typisch für diese Unternehmen (Achleitner & Bassen, 2003, S. 9-10; Brettel et al., 2008, S. 1199). Diese Faktoren beeinflussen die Kommunikationsarbeit und deren Relevanz. So kann geeignete Kommunikation beispielsweise das Wachstumsstreben unterstützen. Denn um diesem gerecht werden zu können, müssen Produkte noch schneller in den Markt gebracht, bekannt gemacht und akzeptiert werden, als dies bei anderen Unternehmen der Fall ist. Kommunikation kann helfen, die hierfür nötige Aufmerksamkeit, Akzeptanz, Glaubwürdigkeit und das Vertrauen aufzubauen, woran es Startups für gewöhnlich wegen ihres Alters mangelt (Gruber, 2004, S. 168).

Der innovative Charakter stellt die Unternehmenskommunikation vor eine doppelte Herausforderung: Den Zielgruppen müssen gleich zwei neue und damit unbekannte Komponenten – Unternehmen und Produkt beziehungsweise Dienstleistung – nähergebracht werden (Mast, 2005, S. 47). Es ist zum einen nötig, Innovationen zu erklären, die als neuartig und komplex gelten (Zerfaß, 2005, S. 29). Der Grund hierfür ist, dass sie oft schlicht an fehlendem Wissen und damit Verständnis seitens des Marktes und der Zielgruppe scheitern, die sich Neuerungen verschließt (Fink, 2009, S. 209-210). Zum anderen gilt es der Angst und Zurückhaltung, die Innovationen hervorrufen können, kommunikativ entgegenzuwirken (Zerfaß, 2005, S. 29). Kommunikation soll also sowohl auf das Unternehmen selbst als auch auf das Produkt aufmerksam machen und für Akzeptanz sorgen, damit diese gegenüber anderen präferiert werden.

Das Umfeld von Startups ist dynamisch, da sich die Märkte zumeist erst formieren, was Unternehmenskommunikation ebenfalls notwendig macht und gleichzeitig eine weitere Herausforderung darstellt (Achleitner & Bassen, 2003, S. 9; Zerfaß, 2010, S. 71). Es existieren daher kaum verlässliche Daten, die Anhaltspunkte liefern, wie Kommunikation unter diesen Bedingungen erfolgreich umgesetzt werden kann. Sie kann aber für Startups ein wichtiger Erfolgsfaktor sein, um ihre Chancen zu verbessern, sich als zukunftsorientierte Unternehmen zu präsentieren, zu etablieren und sich gegen Wettbewerber durchzusetzen (Fink, 2009, S. 213; Zerfaß & Piwinger, 2014, S. 3). Professionelle und intensive Kommunikation, die gemeinhin als Erfolgsfaktor gilt, ist also auch für Startups erforderlich (Schefczyk & Pankotsch, 2003, S. 168-169).

Auch in der Startup-Szene scheint man sich bewusst zu sein, dass eine sehr gute Technologie und ein wohldurchdachtes Geschäftskonzept alleine nicht ausreichen, um ein Unternehmen schnell erfolgreich zu machen. Denn „eine Marke wie Zalando baut man nicht durch Schweigen auf" (Neuen, 2013, S. 16), erklärt Andreas Winiarski, ehemaliger PR-Chef der „Start-up-Schmiede" (Hegemann, 2014, S. 1) Rocket Internet. Allerdings ist fraglich, ob dies gleichfalls in Startups, die nicht über professionelle Strukturen und umfassendes Know-how wie die Unternehmen von Rocket Internet zurückgreifen können, erkannt und tatsächlich praktiziert wird (Weiguny, 2015, S. 2). Es ist nicht auszuschließen, dass sich ein Mangel an Ressourcen und Erfahrung negativ auf die Kommunikationsarbeit auswirkt. Der Druck auf Gründer, Priorität auf andere Aspekte legen zu müssen, kann ebenfalls dazu führen, dass der externen Kommunikation nicht die hohe Bedeutung eingeräumt wird, die sie haben sollte. So steht diese unter Umständen hinter weiteren unternehmens- und entwicklungsrelevanten Themen zurück.

Wie bedeutsam Kommunikation für den Unternehmenserfolg seitens der Startups tatsächlich eingeschätzt wird und weshalb ihr ein bestimmter Stellenwert zukommt, ist demzufolge nicht bekannt und bedarf einer Untersuchung. Dabei soll ein Überblick über externe Kommunikation von Startups gegeben werden, während interne Kommunikation nicht berücksichtigt wird. Neben der Relevanz ist darauf einzugehen, was in Startups unter externer Unternehmenskommunikation verstanden wird und welche Strategie ihr zugrunde liegt.

Um eine adäquate Basis für die Studie zu schaffen, wird zunächst eine Definition für Startups entwickelt. Da keine wissenschaftliche Forschung zu Kommunikation von Startups bekannt ist, wird anschließend auf Studien eingegangen, die sich mit Kommunikation in mittelständischen Unternehmen beschäftigen. Diese ähneln Startups in einigen Fällen strukturell. So kann ein Eindruck von möglicher Kommunikationsarbeit gewonnen werden, wobei eine direkte Übertragung der Ergebnisse nicht möglich ist. Zum einen fehlt es Startups im Vergleich zu mittelständischen Unternehmen an Tradition und Erfahrung. Zum anderen kann sich die für Startups typische Unternehmensausrichtung auf Innovation und Wachstum auf die Art der Kommunikation auswirken. Im weiteren Verlauf wird der Untersuchungsgegenstand Unternehmenskommunikation behandelt. Dabei werden auch das Spannungsfeld beziehungsweise die Abgrenzung möglicher „Teilbereiche" (Zerfaß, 2010, S. 9) wie Public Relations (PR) und Marketingkommunikation berücksichtigt. Beide gelten als Kernpunkte, um das Verständnis von Unternehmenskommunikation im Mittelstand zu ergründen (Schütte, 2011). Im Verlauf der Untersuchung hat sich herauskristallisiert, dass die

Kommunikation mit Investoren – Investor Relations (IR) – für Startups ebenfalls von Bedeutung sein kann. Diese wird innerhalb von Exkursen aufgegriffen. Die Unternehmenskommunikation und ihre möglichen Teilbereiche werden aus wirtschaftswissenschaftlicher und kommunikationswissenschaftlicher Perspektive untersucht. Verschiedene Konzepte ordnen die Bereiche dabei unterschiedlich ein und weisen ihnen jeweils einen anderen Stellenwert zu. Eine solch breite theoretische Basis ist erforderlich, da es nicht nur an empirischer Forschung, sondern auch an theoretischen Grundlagen in Bezug auf Startup-Kommunikation mangelt.

Im Methodenteil wird das Vorgehen bei der Untersuchung beschrieben, zu deren Zweck Interviews mit Kommunikationsverantwortlichen von Startups geführt werden. Die daraus resultierenden Ergebnisse werden im Anschluss in Bezug auf Verständnis und Strategie der externen Unternehmenskommunikation dargelegt und interpretiert. Auf Basis dieser Ergebnisse wird der Versuch einer Typisierung der Unternehmenskommunikation in Startups unternommen. Abschließend erfolgen eine kritische Würdigung und ein Forschungsausblick.

2 Unternehmensform Startup – theoretische und empirische Annäherung

Der Begriff des Startups ist in der vorliegenden Literatur bis dato nicht eindeutig definiert, weshalb eine Arbeitsdefinition festgelegt wird. Um diese zu entwickeln, nähert sich das nachfolgende Kapitel dem Startup-Begriff auf unterschiedliche Weise.

A Typisierung von Startups anhand der Gründungsform

Startups sind Unternehmen und damit Wirtschaftseinheiten, die sich bei der Erstellung von Leistungen am ökonomischen Prinzip orientieren (Bürkle, 2005, S. 378). Dies unterscheidet sie von anderen Organisationen mit beispielsweise gemeinnützigem Interesse. Die Gründung eines Unternehmens ist nach Szyperski und Nathusius (1977) ein Prozess „der Schaffung [eines] gegenüber seiner Umwelt qualitativ abgegrenzten und vorher in gleicher Struktur nicht existenten Systems" (S. 25). In der Literatur existieren Gründungsformen, die anhand verschiedener Charakteristika beschrieben und systematisiert werden können. Dabei werden Strukturexistenz, Selbstständigkeitsgrad und Innovationsgrad im Allgemeinen als die wesentlichen Merkmale herausgegriffen (Hommel & Knecht, 2002a, S. 6-8; Klandt, 2006, S. 35-36; Nathusius, 2001, S. 4-5). In der vorliegenden Arbeit sollen Startups in einem ersten Schritt anhand dieser Merkmale charakterisiert werden. Dazu werden die drei Kriterien im Folgenden näher erläutert.

Der Selbstständigkeitsgrad bezieht sich auf den Unternehmer oder die rechtliche Eigenständigkeit der Gründung (Hommel & Knecht, 2002a, S. 6; Klandt, 2006, S. 35; Nathusius, 2001, S. 5). Eine selbstständige Gründung liegt vor, wenn der Gründer eine eigenständige unternehmerische Existenz anstrebt, wobei er, je nach Fortschritt im Gründungsprozess, noch bei einem anderen Unternehmen beschäftigt sein kann (Nathusius, 2001, S. 5; Schefczyk & Pankotsch, 2003, S. 53; Schmidt, 2008, S. 18). Führt eine Person die Gründung im Rahmen einer abhängigen Beschäftigung für ein existierendes Unternehmen durch, ist die Gründung als unselbstständig zu bezeichnen (Hommel & Knecht, 2002a, S. 6; Nathusius, 2001, S. 5). Eine solche liegt auch vor, wenn rechtlich nicht-selbstständige Einheiten wie Zweigniederlassungen eröffnet werden oder ein nennenswerter Einfluss durch weitere Unternehmen innerhalb der Gesellschaftergruppe besteht

(Hommel & Knecht, 2002a, S. 6; Klandt, 2006, S. 35). Ist ein Unternehmen hingegen rechtlich unabhängig von anderen Unternehmen, beziehungsweise wird es durch eine eigenständige, natürliche Person gegründet, wird es als selbstständig betrachtet (Hommel & Knecht, 2002a, S. 6; Klandt, 2006, S. 35). In dieser Arbeit gilt Selbstständigkeit als Voraussetzung, um als Startup klassifiziert zu werden.

Das Merkmal der Strukturexistenz unterscheidet originäre von derivativen Gründungen (Nathusius, 2001, S. 4). Wird ein Unternehmen vollständig neu aufgebaut, handelt es sich um eine originäre Gründung (Diehm, 2014, S. 15; Klandt, 2006, S. 35; Volkmann, Tokarski & Grünhagen, 2010, S. 38). Da keine betrieblichen Vorgängerstrukturen existieren, werden diese bei originären Gründungen neu geschaffen (Diehm, 2014, S. 15; Hommel & Knecht, 2002a, S. 7; Nathusius, 2001, S. 4). Während Klandt (2006, S. 35) originäre Gründungen als Unternehmensneugründungen bezeichnet, muss laut anderer Autoren hierfür zusätzlich das Kriterium der Selbstständigkeit gegeben sein (Hommel & Knecht, 2002a, S. 8). Letzterem schließt sich diese Arbeit an. Neugründungen implizieren den Start mit begrenzten Ressourcen (Schefczyk & Pankotsch, 2002, S. 23). Bei einer derivativen Gründung wird dagegen eine existierende Wirtschaftseinheit in eine neue Unternehmenseinheit transformiert, wobei wesentliche Teile einer Mutterorganisation unter Veränderung zentraler Strukturmerkmale übernommen werden (Hommel & Knecht, 2002a, S. 7; Schefczyk & Pankotsch, 2003, S. 53). Ein Startup gilt als originäre Gründung, da es vollständig neu aufgebaut wird.

Entscheidendes Merkmal eines Startups ist dieser Arbeit zufolge außerdem sein innovativer Charakter (Diehm, 2014, S. 15-16; Ripsas & Tröger, 2014, S. 11). Der Innovationsgrad gibt an, in welchem Umfang bei einer Gründung Prozesse und Strukturen bereits bestehender Unternehmen abgebildet werden (Klandt, 2006, S. 36). Innovationen beziehen sich nicht nur auf ingenieurs-, produkt- und verfahrenstechnische, sondern auch auf alle anderen neuen Aspekte der Gestaltung eines Unternehmens (Klandt, 2006, S. 36; Mast, 2005, S. 47). Volkmann et al. (2010) sprechen davon, dass innovative Unternehmen auf neuen Geschäftsideen basieren, die noch nicht in den Markt eingeführt wurden (S. 36). Innovative Gründungen können ferner solche sein, die bereits existierende materielle oder immaterielle Faktoren neu kombinieren, also Technologien oder Geschäftsmodelle weiterentwickeln und neu gestalten (Nathusius, 2001, S. 5). Imitierende oder imitatorische Gründungen, deren Wachstumsrate üblicherweise gering ist, vervielfältigen dagegen strukturbestimmende Merkmale und Faktoreinsatzkombinationen bereits existierender Unternehmen oder Konzepte (Achleitner & Bassen, 2003, S. 4; Nathusius, 2001, S. 5). Ihre Produkte oder Prozesse sind also bereits gleich oder ähnlich am Markt vorhanden (Hommel & Knecht, 2002a, S. 8).

Anhand der beschriebenen Kriterien werden Startups in dieser Arbeit als Unternehmensneugründungen mit innovativem Charakter bezeichnet. Eine Übersicht über die daraus resultierende Abgrenzung zu anderen Gründungsformen zeigt Tabelle 1.

	Selbstständige Gründung		Unselbstständige Gründung
Derivative Gründung	Betriebliche Existenzgründung u.a.		Fusion, Übernahme u.a.
Originäre Gründung	Unternehmensneugründung i.e.S.		Konzern- bzw. Betriebsgründung u.a.
	Imitativ	Handwerk, freie Berufe u.a.	
	Innovativ	Startups	

Tabelle 1: Typisierung von Startups anhand der Gründungsform

Quelle: eigene Darstellung nach Diehm, 2014, S. 15; Hommel & Knecht, 2002a, S. 7

B Zentrale Merkmale von Startups

Um eine Arbeitsdefinition zu entwickeln, werden im Folgenden weitere ausgewählte Merkmale herangezogen, die Startups von anderen Unternehmensformen unterscheiden.

Mit Aufkommen der sogenannten New Economy, junger und innovativer Branchen mit Technologiebezug, wurden ausschließlich Gründungen in diesen Bereichen als Startups bezeichnet (Schefczyk & Pankotsch, 2002, S. 21, 23; Springer Gabler Verlag, 2015b, o.S.). Heute gelten auch Unternehmen in anderen nicht-technologischen Bereichen als Startups (Schefczyk & Pankotsch, 2002, S. 21). Dabei ist noch immer eine starke Verbundenheit mit dem Internet als Medium zu beobachten (Brettel, Rudolf & Witt, 2005, S. 1). Startups gelten als jung und weisen damit eine kurze Unternehmenshistorie auf (Achleitner & Bassen, 2003, S. 9; Brettel et al., 2008, S. 1199; Hommel & Knecht, 2002a, S. 8). Eine einheitliche Festlegung auf ein Alter existiert nicht. Während Ripsas und Tröger (2014) die Grenze bei zehn Jahren ansetzen (S. 11), gilt bei Schmidt (2008) ein Maximalalter von sieben Jahren (S. 21). McDougall, Oviatt und Shrader (2003) folgen einer Konvention, nach der die Altersgrenze von Startups bei sechs Jahren liegt, was dem Zeitraum entspricht, in dem das Überleben von Unternehmen als besonders gefährdet gilt (S. 69). Da Startups als Neugründungen angesehen werden, sind Aussagen zu ihrer Größe über ihre Charakterisierung als kleine und mittlere Unternehmen (KMU) möglich (Brettel et al., 2008, S. 1198; Schefczyk & Pankotsch, 2002, S. 23). Hierzu wird die Definition der Europäischen Kommission (2006) herangezogen, die Unternehmen hinsichtlich ihrer Mitarbeiterzahl und einem der beiden Kriterien Jahresumsatz und Jahresbilanzsumme klassifiziert, was in Tabelle 2 dargestellt wird (S. 14).

Unternehmenskategorie	Mitarbeiter	Umsatz	oder	Bilanzsumme
Mittleres Unternehmen	< 250	≤ 50 Mio. €		≤ 43 Mio. €
Kleinunternehmen	< 50	≤ 10 Mio. €		≤ 10 Mio. €
Kleinstunternehmen	< 10	≤ 2 Mio. €		≤ 2 Mio. €

Tabelle 2: Einordnung von Unternehmen nach Mitarbeiterzahl, Jahresumsatz und Jahresbilanzsumme — Quelle: Europäische Kommission, 2006, S. 14

Da je nach Branche unterschiedliche Maßstäbe angelegt werden, bereitet eine genaue Unterscheidung zwischen KMUs und Großunternehmen Schwierigkeiten (De, 2005, S. 173). Diese Abgrenzung dient für vorliegende Arbeit daher nur als Richtlinie. Zwar können Startups zunächst als KMUs bezeichnet werden, unterscheiden sich von traditionellen KMUs aber vor allem durch ihren innovativen Charakter und ihre Wachstumsorientierung, da sie auf Skalierbarkeit, also auf ein überproportionales Wachstum, abzielen (Brettel et al., 2008, S. 1199; Hahn, 2014b, S. 35). Dieses wird beschrieben als „positiver, qualitativer oder quantitativer Veränderungsprozess […], der sich durch […] Umsatz oder Anzahl der Mitarbeiter operationalisieren lässt“ (Hommel & Knecht, 2002a, S. 9). Startups können sich hinsichtlich Umsatz und Mitarbeiterzahl schnell verändern und über die Schwelle des KMUs hinauswachsen. Ein solcher Veränderungsprozess kann in der Vergangenheit beobachtet beziehungsweise für die Zukunft als Wachstumspotenzial prognostiziert werden. Demnach sind tatsächliches und zukünftiges Wachstum in der Gegenwart nicht feststellbar. Auch eine rückwirkende Beobachtung gestaltet sich aufgrund der von Hommel und Knecht (2002a) genannten kurzen Historie und oft fehlender Unternehmensdaten schwierig (S. 9-10). Demzufolge muss das Wachstumskriterium anders festgestellt werden, wobei sich das eher subjektive Charakteristikum des Strebens nach überproportionalem Wachstum anbietet.

Der bereits erwähnte und für Neugründungen typische Mangel an finanziellen und personellen Ressourcen dürfte speziell für Startups relevant sein (Achleitner & Bassen, 2003, S. 9-10; Brettel et al., 2008, S. 1199; Diehm,

2014, S. 21-23). Bedingt durch ihr Wachstumsstreben haben sie einen besonders hohen finanziellen und personellen Bedarf (Knecht, 2002, S. 105). Der innovative Charakter führt ebenfalls zu hohen Kosten, weil er Startups dazu zwingt, in die Entwicklung und Einführung ihrer Produkte beziehungsweise die Weiterentwicklung ihres Geschäftskonzeptes zu investieren (Achleitner & Bassen, 2003, S. 10). Bei der Beschaffung des nötigen Kapitals haben Startups allerdings Probleme (Gruber, 2004, S. 166-167). Innovationen können Unsicherheit für Kapitalgeber bedeuten, weshalb diese Unternehmen häufig nicht auf traditionelle Finanzierungsmöglichkeiten wie Bankkredite zurückgreifen können, wie sie beispielsweise imitatorischen Gründungen dank ihrer bewährten Geschäftsmodelle offen stehen (Hochgesand, 2002, S. 371). Daher nutzen Startups alternative Finanzierungsquellen, zum Beispiel Investoren wie Business Angels[1] oder Venture Capital, also fremdes Eigenkapital von Investoren (Brettel, 2002, S. 356; Hochgesand, 2002, S. 374). Der Innovationgrad von Startups bedeutet für sie selbst und für ihre Investoren zwar ein Risiko, ermöglicht es aber, trotz Widrigkeiten mit etablierten Unternehmen in Konkurrenz zu treten, wobei eine entsprechende Kommunikation notwendig ist (Volkmann et al., 2010, S. 31, 36; Zerfaß, 2005, S. 17). Der Budgetmangel wirkt sich darüber hinaus negativ auf die personellen Ressourcen von Startups aus. Gründe hierfür sind, dass Personal oft nicht adäquat entlohnt werden kann und Startups häufig wegen des hohen Risikos als Arbeitgeber gemieden werden (Achleitner & Bassen, 2003, S. 9-10; Diehm, 2014, S. 23). Ferner ist eine Fokussierung auf den Gründer üblich, der Entscheidungsprozesse prägt (Achleitner & Bassen, 2003, S. 9; Brettel et al., 2008, S. 1199). Nicht zuletzt zwingt die dynamische und komplexe Umwelt Startups dazu, sich kontinuierlich anzupassen und permanente interne Veränderungen zu durchlaufen (Achleitner & Bassen, 2003, S. 9; Hommel & Knecht, 2002a, S. 10). Etablierte und erprobte Strukturen sind daher in Startups meist nicht in dem Umfang wie in anderen Unternehmen anzutreffen.

Startups zeichnen sich laut dieser Arbeit insgesamt durch ihren innovativen Charakter, das Streben nach Wachstum und einen Mangel an finanziellen und personellen Ressourcen aus. Daneben sind es junge Unternehmen, die hinsichtlich ihrer Größe zunächst als KMUs gelten.

---

1 Business Angels sind natürliche Personen, die nicht-börsennotierten Unternehmen auf direktem Weg Beteiligungskapital zur Verfügung stellen und operativ oder beratend tätig sind (Brettel, 2002, S. 356).

C Lebensphasen von Startups im Kontext von Unternehmenslebenszyklus-Modellen

Die Betrachtung von Entwicklungsstadien soll einbezogen werden, um Startups zu klassifizieren. Zahlreiche Unternehmenslebenszyklus-Modelle beschreiben die Finanzierungs- und/oder Entwicklungsphasen von Startups (Ripsas & Tröger, 2014, S. 14). Dabei unterscheiden sie sich in der Anzahl und Abgrenzung der Phasen (Schefczyk & Pankotsch, 2002, S. 22). Nachfolgend wird der modellhafte Idealtypus eines Unternehmenslebenszyklus nach Grabherr (2001) und Klandt (2006) aufgezeigt. Die Entwicklung beginnt mit der Vorgründungs- beziehungsweise Seed-Phase, worauf die Gründungs- oder Startup-Phase folgt, in der die tatsächliche Gründung stattfindet (Grabherr, 2001, S. 33; Klandt, 2006, S. 53). Dabei darf der Name dieser Phase nicht zur Annahme verleiten, Startups seien nur in diesem Stadium anzusiedeln. In der Frühentwicklungsphase beginnt die erste Wachstumsphase mit dem Markteintritt und konstanten Umsätzen (Grabherr, 2001, S. 35; Klandt, 2006, S. 54). Die eigentliche Wachstumsphase folgt im Anschluss. Nach dem Erreichen der Gewinnschwelle sollte aufgrund steigender Nachfrage weiteres Wachstum erwirtschaftet werden (Grabherr, 2001, S. 35; Klandt, 2006, S. 54). Dieses flacht später langsam wieder ab, da weitere Wettbewerber in den Markt drängen (Klandt, 2006, S. 54). In diesem Abschnitt beginnen daher meist eine größere Expansion und die Internationalisierung (Grabherr, 2001, S. 35). Während bei Klandt (2006, S. 54) nur die Konsolidierungsphase folgt, in der die Gewinne auf einem hohen Niveau stagnieren, existieren laut Grabherr (2001) weitere Phasen (S. 35-36). Er spricht von einer Pre-Exit-Phase, die als Übergang gesehen wird, da hier ein möglicher Börsengang oder Unternehmensverkauf vorbereitet wird (ebd.). Sie soll in Anlehnung an Ripsas und Tröger (2014) als Spät-Phase bezeichnet werden (S. 14). In einer weiteren Phase erfolgt der Börsengang oder Unternehmensverkauf (Grabherr, 2001, S. 36). Hierdurch tritt das Unternehmen in die letzte Phase ein, die auch bei Grabherr (2001) die Konsolidierungsphase darstellt, in der sich das Unternehmen am Markt etabliert (ebd.).

Ein genau definierter Zeitpunkt, ab dem ein Unternehmen nicht mehr als Startup gilt, existiert in der Literatur nicht. Allerdings deuten einige Beiträge darauf hin, dass Unternehmen, die sich in der Konsolidierungsphase befinden und einen Stabilitätszustand erreicht haben, keine Startups mehr sind (Chrisman, Bauerschmidt & Hofer, 1998, S. 6; Schefczyk & Pankotsch, 2002, S. 23). Dieser Annahme schließen sich auch Ripsas und Tröger (2014) an, die davon ausgehen, dass Startups in der Spät-Phase zwar etablierte Marktteilnehmer sein und unmittelbar vor dem Börsengang stehen können, aber noch nicht in die Konsolidierungsphase eingetreten sind (S. 14). Auf Basis der beschriebenen Modelle zeigt Abbildung 1 einen möglichen Lebenszyklus für Startups.

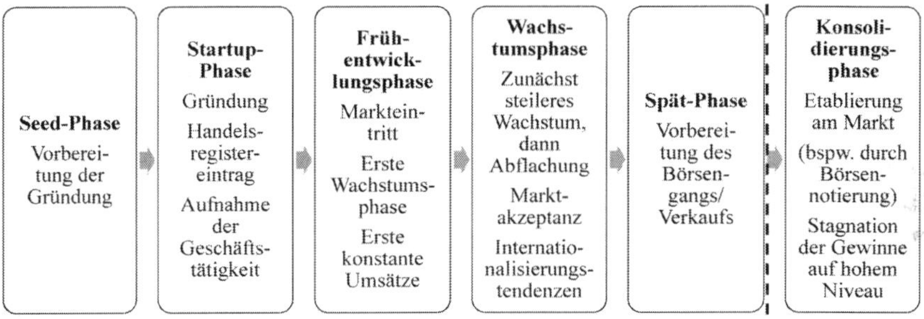

Abbildung 1: Unternehmenslebenszyklus von Startups

Quelle: eigene Darstellung nach Grabherr, 2001, S. 33-36; Klandt, 2006, S. 53-54; Ripsas & Tröger, 2014, S. 14

Aufgrund der vorangegangenen Ausführungen wird folgende Arbeitsdefinition festgelegt: Startups sind originäre, selbstständige, innovative Unternehmen, die überproportionales Wachstum anstreben, aber einem Mangel an Ressourcen unterliegen. Um zumindest ein quantitatives Merkmal zu definieren, wird die Altersgrenze bei maximal sechs Jahren gesetzt, wobei dem Vorschlag von McDougall et al. (2003) gefolgt wird (S. 69). So soll gewährleistet werden, dass in dieser Arbeit Startups untersucht werden, die hinsichtlich ihres Alters in die definierten Entwicklungsphasen fallen. Würde das Alter höher angesetzt, bestünde Gefahr, Unternehmen einzubeziehen, die bereits alle Stufen durchlaufen haben oder solche, die in einer Phase stagnieren und demnach nur geringes Wachstum aufweisen. Sofern die Unternehmen die beschriebenen Merkmale besitzen und sich noch nicht in der Konsolidierungsphase befinden, wird die Unternehmensgröße als irrelevant betrachtet. Grund dafür ist, dass sich die Größe schnell verändern kann. Dieses Begriffsverständnis muss nicht zwingend von Startups selbst geteilt werden, da sich auch ältere Unternehmen in der Konsolidierungsphase als solche bezeichnen. Diese finden hier allerdings keine Berücksichtigung.

D Empirischer Forschungsstand zu Mittelstandskommunikation als Annäherung an Kommunikationsarbeit von Startups

Wissenschaftliche Forschungsliteratur, die sich explizit mit externer Unternehmenskommunikation von Startups beschäftigt, konnte trotz ausführlicher Recherche nicht ausfindig gemacht werden. Es existieren vor allem Praktikerliteratur und betriebswirtschaftliche Untersuchungen, die Marketing zum Gegenstand haben und Kommunikation als Teilaspekt behandeln (Demant, 2014; Diehm, 2014; Gruber, 2004; Hahn, 2014a; Hans & Hüser, 2001; Hommel & Knecht, 2002b; Lingelbach, Patino & Pitta, 2012). So sind laut Gruber (2004) typische Maßnahmen der Marketingkommunikation, auch wenn sie nebensächlich erscheinen, wichtig für die Kommunikation zwischen Startups und ihren Bezugsgruppen (S. 183).

Studien, die sich mit externer Kommunikation beschäftigen, existieren lediglich für den Mittelstand (Balsys, 2004; Fischbach & Mack, 2008; Schütte, 2011; Zerfaß, Fink & Winkler, 2015). Da Startups als eine Sonderform der KMUs gelten, haben die Ergebnisse der Studien eine gewisse Aussagekraft für sie, lassen sich jedoch nicht uneingeschränkt auf Startups übertragen. Ältere Studien wie von Laube (1986) tragen ebenfalls nicht zum Erkenntnisgewinn bei, da sie aufgrund von Veränderungen in der Kommunikationsarbeit, technologischen Gegebenheiten und des Innovationsgrades von Startups kaum Aussagekraft haben.

Die besonderen strukturellen Rahmenbedingungen mittelständischer Unternehmen wirken sich auf deren Kommunikation aus. Dies wird vor allem am Zusammenspiel des Mangels an personellen und finanziellen Ressourcen deutlich. In Unternehmen mit bis zu 50 Mitarbeitern ist Kommunikation häufig Aufgabe des Geschäftsführers (Zerfaß et al., 2015, S. 41). Neben ihm ist oft die Marketingabteilung für Kommunikation zuständig (Schütte, 2011, S. 61-62; Zerfaß et al., 2015, S. 41). Eine eigenständige, vom Marketing getrennte Kommunikationsabteilung existiert nach Schütte (2011, S. 56) in deutschen Mittelstandsunternehmen in circa 19 Prozent der Fälle, wobei die Wahrscheinlichkeit einer eigenständigen PR-Abteilung mit der Höhe des Umsatzes steigt (Röttger, 2010, S. 194-195). Fischbach und Mack (2008) unterstellen dem Mittelstand, dass ein spezifisches Kommunikationswissen oft nicht vorhanden ist (S. 117). Der Grund dafür ist, dass ein nicht unerheblicher Teil der Unternehmen Personen mit Kommunikationsaufgaben betraut, die in einer gänzlich anderen Funktion tätig sind (Schütte, 2011, S. 196). Oft fehlt es an Kommunikationsspezialisten (Balsys, 2004, S. 76). Gruber (2004) hält für Startups ebenfalls fest, dass häufig wenig Erfahrung im Marketing vorhanden ist (S. 168). Der Mangel an spezifischem

Kommunikationswissen führt dazu, dass die Grenzen zwischen PR und Nachbardisziplinen sowohl im Hinblick auf das Verständnis als auch auf die Umsetzung der Kommunikationsaktivitäten fließend sind (Fischbach & Mack, 2008, S. 117, 175). Die Relevanz von Kommunikation für den Unternehmenserfolg wird trotz des Mangels an fachlichem Verständnis von den Befragten als hoch eingeschätzt (ebd., S. 119). Dabei scheitert die Umsetzung professioneller Kommunikationsstrategien im Mittelstand oft an bereits genannten fehlenden Ressourcen (ebd., S. 75). Mehr als die Hälfte der von Schütte (2011, S. 65) und rund 40 Prozent der von Zerfaß et al. (2015, S. 41) befragten Unternehmen haben kein festes Budget für Kommunikation festgelegt. Ist ein solches vorhanden, entfällt auf PR meist nur ein geringer Anteil, weshalb ihre Machtposition – auch in größeren Unternehmen – als schwach gilt (Röttger, 2010, S. 300). Aufgrund der knappen Ressourcen ist oft nur eine Person für Kommunikation verantwortlich, was für integrierte Kommunikation spricht, die eher unbewusst als absichtlich vollzogen wird (Fischbach & Mack, 2008, S. 98, 120-121). Die strukturellen Rahmenbedingungen, die nicht nur auf KMUs, sondern auch auf Startups zutreffen, wirken sich insgesamt auf die Kommunikation aus. Es ist sogar zu vermuten, dass ihr Einfluss auf Startups noch größer ist, denn diese sind noch nicht etabliert und verfügen selten über bewährte Strukturen. Lingelbach et al. (2012) führen als Beispiel kaum vorhandene, etablierte Prozesse im Marketing an, was jedoch die gesamte externe Kommunikation betreffen dürfte (S. 137). Hinzu kommen die in Kapitel 2.B beschriebenen Merkmale, die kommunikationsrelevant sein können.

Neben den Rahmenbedingungen, die den Einsatz von Kommunikation beeinflussen, untersuchen die Studien das jeweilige Verständnis der Unternehmen von Kommunikationsarbeit (Schütte, 2011, S. 113). Zerfaß et al. (2015) sprechen von einem mehrheitlich dialogorientierten Kommunikationsverständnis, das vor allem bei kleinen Unternehmen ausgeprägt ist (S. 20, 22-23). Dagegen wollen rund 40 Prozent zunächst nur Informationen anbieten und Bedeutung vermitteln (ebd., S. 20, 22). Schütte (2011) kommt zu dem Ergebnis, dass PR von knapp 42 Prozent als Funktion zur Steuerung der Kommunikation zwischen Unternehmen und Zielgruppen gesehen wird, während 39 Prozent PR als Teil des Marketings betrachten (S. 116-117). Schütte (2011) geht außerdem davon aus, dass das Verständnis, das über PR herrscht, auch von einer fachspezifischen Ausbildung mit Kommunikationsbezug und der Professionalität abhängt (S. 131). So könnten die personellen Rahmenbedingungen das Verständnis der Kommunikationsarbeit beeinflussen. Mit diesem Verständnis hängt darüber hinaus die Bedeutung von PR zusammen (ebd., S. 115). Auf den ersten Blick erscheint es daher paradox, dass vor allem Befragte, die PR dem Marketing unterordnen, dieser eine große Bedeutung beimessen (ebd.). Das lässt sich dadurch erklären, dass für diese Personen der Absatz im Vordergrund steht und sie PR als eine Funktion betrachten, die sich positiv hierauf auswirkt (ebd.). Auffallend ist, dass vor allem in Unternehmen, die vor 1990 gegründet wurden, PR eher als Teil des Marketings gilt (ebd., S. 120). Hieraus könnte gefolgert werden, dass in Startups eine weniger marketingorientierte Sichtweise existiert. Dagegen spricht jedoch, dass sich Startups vermutlich wie mittelständische Unternehmen bei ihrer Kommunikationsarbeit primär an übergeordneten Unternehmenszielen wie Absatzsteigerung orientieren (Fischbach & Mack, 2008, S. 175; Schütte, 2011, S. 75-76). Gesellschaftspolitische Ziele wie Akzeptanzerhöhung spielen hingegen bei Mittelständlern kaum eine Rolle (Fischbach & Mack, 2008, S. 175). Auch Zerfaß et al. (2015) kommen zu dem Ergebnis, dass die Steigerung von Absatz, Bekanntheit und Reputation als oberste Ziele gelten (S. 25-27). Dementsprechend sind Zielgruppen im Markt wie Bestands- und potenzielle Kunden besonders wichtig, gefolgt von Mitarbeitern, Journalisten und Geschäftspartnern (Schütte, 2011, S. 83; Zerfaß et al., 2015, S. 28). Der persönliche Kontakt zu ihnen ist dabei in der Kommunikation hochrelevant (Fischbach & Mack, 2008, S. 97). Über die Kommunikationsmaßnahmen, die zur Ziel- und Zielgruppenerreichung verwendet werden, wird meist situationsbedingt entschieden. Eine langfristige, strategische Kommunikationsplanung ist nur in circa 25 bis rund 37 Prozent der Unternehmen von Bedeutung (Balsys, 2004, S. 77; Schütte, 2011, S. 75-76; Zerfaß et al., 2015, S. 50). Nach Fischbach und Mack (2008) findet eine strategische Planung der Kommunikation generell nicht statt (S. 98).

Insgesamt kann Kommunikationsarbeit im Mittelstand laut Schütte (2011) nicht grundsätzlich als nachrangig eingeordnet werden (S. 200). Die geschilderten Ergebnisse zeigen aber, dass sie eine durchaus ambivalente Rolle spielt. So existieren verschiedene Typen: Unternehmen, die nicht systematisch kommunizieren, und die, die ihre Kommunikationsarbeit stärker professionalisieren (ebd.). Die marketingorientierte Sichtweise ist als eher dominant zu bezeichnen. Probleme für die Kommunikation stellen der Mangel an Ressourcen, eine fehlende Strategie und unzureichende Erfolgsnachweise dar (Zerfaß et al., 2015, S. 54). Dennoch halten drei Viertel der von Zerfaß et al. (2015) befragten mittelständischen Unternehmen Kommunikation für unverzichtbar für den Unternehmenserfolg (S. 20). Einen hohen Stellenwert hat aktive Kommunikationsarbeit dagegen nur bei zwei Dritteln (ebd.).

Die Ergebnisse liefern erste Anhaltspunkte zur Kommunikation in Start-ups. So ist davon auszugehen, dass die besonderen strukturellen Rahmenbedingungen, gepaart mit Merkmalen wie Wachstumsstreben und dem innovativen Charakter, die Kommunikationsarbeit und das Verständnis von Unternehmenskommunikation beeinflussen. Wie am Anfang des Kapitels erwähnt, lassen sich die Ergebnisse nicht grundsätzlich übertragen, weshalb eine eigene Untersuchung durchgeführt wird.

3 Bedeutung und Verständnis von Unternehmenskommunikation aus betriebswissenschaftlicher und kommunikationswissenschaftlicher Perspektive

Für Startups ist es wichtig, Aufklärung zu leisten, Informationen zu liefern und die Marke sowie ein Image zu etablieren (Schefczyk & Pankotsch, 2003, S. 169). Hierbei spielt Kommunikation eine entscheidende Rolle (ebd.). Wegen des Mangels an Forschung in diesem Bereich ist es ratsam, unterschiedliche Konzepte, die sich der Startup-Kommunikation auf verschiedene Weise nähern, zugrunde zu legen, um eine möglichst breite Basis schaffen zu können. Kommunikation soll aus Unternehmenssicht betrachtet werden. Es wird also eine organisationsbezogene Perspektive eingenommen (Röttger, Preusse & Schmitt, 2014, S. 43; Signitzer, 2013, S. 93). Die Betrachtung kommunikationswissenschaftlicher und marketingorientierter Ansätze der Betriebswirtschaftslehre erscheint vielversprechend, was bereits das vorangegangene Kapitel belegt. Gesellschaftsorientierte Ansätze, die die Funktionen der Kommunikation für die Gesellschaft und ihre Funktionssysteme betrachten, sind für die vorliegende Untersuchung dagegen irrelevant (Röttger et al., 2014, S. 39; Signitzer, 2013, S. 94-95).

A Eingrenzung des Untersuchungsgegenstandes Unternehmenskommunikation

Bevor auf die unterschiedlichen theoretischen Konzepte eingegangen wird, ist es erforderlich, den Untersuchungsgegenstand einzugrenzen. Die Arbeit behandelt die externe Unternehmenskommunikation von Startups. Interne Kommunikation bleibt hier unberücksichtigt. Sie kann als eigener Untersuchungsbereich gesondert betrachtet werden. Es ist davon auszugehen, dass systematischer interner Kommunikation vor allem in kleinen Startups mit nur einem Gründer oder Gründerteam und wenigen Mitarbeitern nur eine geringe Bedeutung zukommt. Die Außenwirkungen externer Kommunikation dürften hingegen bedeutsamer sein. Im Hinblick auf den Terminus der Unternehmenskommunikation ist zu bedenken, dass unterschiedliche wissenschaftliche Disziplinen und Theorieverständnisse abweichende Definitionen hervorbringen (Joainig, 2014, S. 20; Signitzer, 2013, S. 92). Es gilt daher, zunächst einen Minimalkonsens zu finden, mit dessen Hilfe der Untersuchungsgegenstand eingegrenzt werden kann. Dabei soll genügend Spielraum bleiben, um die unterschiedlichen Kommunikationsverständnisse, die innerhalb der theoretischen Ansätze existieren, nicht von vornherein einzuschränken. So wird Unternehmenskommunikation im Sinne von Röttger et al. (2014) verstanden als „strategisch geplante Kommunikation von gewinnorientierten Organisationen" (S. 28). Der Begriff des Strategischen hat ebenfalls unterschiedliche Bedeutungen. In dieser Arbeit bezeichnet strategische Kommunikation solche, der Relevanz für übergeordnete Unternehmensziele zukommt, was sie beispielsweise von Alltagskommunikation oder informeller Kommunikation abgrenzt (Bentele & Nothhaft, 2014, S. 621; Zerfaß, 2014, S. 23). Den Untersuchungsgegenstand der Arbeit bildet damit externe Unternehmenskommunikation als strategische Kommunikation, die relevant für das Erreichen von Unternehmenszielen ist. Um größtmögliche Offenheit zu gewährleisten, wird keine weitere Eingrenzung vorgenommen.

Ein anderes Verständnis des Strategischen bezieht sich auf den Planungsprozess von Kommunikation und versteht strategische Kommunikation im Sinne einer Konzeption. Diese enthält verschiedene Stufen wie Analyse, Planung, Umsetzung und Evaluation (Bentele & Nothhaft, 2014, S. 609-613; Zerfaß, 2014, S. 68-69). Die Kommunikation aller im weiteren Verlauf vorgestellten Konzepte kann einem solchen oder ähnlichen Prozess folgen. Zerfaß (2014, S. 68) spricht in diesem Zusammenhang vom Management der Unternehmenskommunikation, Bruhn (2014b, S. 202-204) von Kommunikationsplanung innerhalb des Marketings und Grunig (1992, S. 4) von Planung, Ausführung und Evaluation im Rahmen von PR beziehungsweise Kommunikationsmanagement. Ein systematisches Vorgehen ist notwendig, um den Beitrag der Kommunikation zum Unternehmenserfolg bewerten und Budgetentscheidungen rechtfertigen zu können (Mast, 2013, S. 113). Auch das Risiko eines Fehlschlages wird hierdurch minimiert (ebd.). Vor allem die Evaluation, die in der Praxis häufig stiefmütterlich behandelt wird, ist von Bedeutung, um den Nutzen der Kommunikation festzustellen (Rolke & Zerfaß, 2014, S. 864). Grundsätzlich existiert ein Bewusstsein unter Kommunikatoren bezüglich der Wirkung ihrer Arbeit und dem Beitrag zum Unternehmenserfolg, wobei dieses Wissen oft auf Intuition und besonderen Erfahrungen beruht statt auf tatsächlicher Evaluation (ebd., S. 863). Für eine adäquate Kontrolle sind die vorherigen Schritte des Prozesses nötig, da beispielsweise die Zielerreichung nur gemessen werden kann, wenn Ziele definiert werden (Röttger et al., 2014, S. 208). Es ist jedoch fraglich, ob einem solchen Prozess in Startups eine hohe Bedeutung beigemessen wird. Faktoren, die gegen eine durchdachte Planung sprechen könnten, sind neben womöglich mangelnder Expertise und begrenzter Ressourcen auch äußere Umstände wie das volatile Umfeld, in dem schnell agiert werden sollte.

B Abgrenzung der PR von anderen Kommunikationsformen

Im Verlauf der Arbeit wird auf verschiedene Ansätze eingegangen, die Unternehmenskommunikation unterschiedlich definieren und in Teilbereiche unterteilen. Beispiele hierfür sind PR und Marketing beziehungsweise Marketingkommunikation. Vor allem erstere wird in Abhängigkeit des jeweiligen Ansatzes auf andere Weise verstanden und mit unterschiedlicher Relevanz bedacht. Einigkeit herrscht darüber, dass PR und Öffentlichkeitsarbeit synonym verwendet werden können (Fröhlich, 2015, S. 104; Röttger et al., 2014, S. 17). PR ist außerdem eine Form öffentlicher und persuasiver Kommunikation, was ebenso für Marketingkommunikation oder Werbung gilt (Fröhlich, 2015, S. 110; Röttger et al., 2014, S. 29). Darum ist es nötig, die einzelnen Kommunikationsformen voneinander abzugrenzen (Fröhlich, 2015, S. 110).

Um eine grundlegende Vorstellung von PR und Marketing zu erhalten und eine Abgrenzung zu ermöglichen, werden zunächst Begriffsverständnisse zugrunde gelegt, die der jeweiligen Disziplin entspringen. Es wird also von einem Verständnis von PR aus kommunikationswissenschaftlicher und Marketing aus betriebswirtschaftlicher Sicht ausgegangen. So soll PR zunächst im Kontext der Kommunikation von Unternehmen als strategische und zielgerichtete Kommunikationsfunktion angesehen werden, die organisationale Interessen vertritt und Kommunikationsbeziehungen zwischen Unternehmen und Umwelt herstellt, gestaltet und erhält (Röttger et al., 2014, S. 27). Marketing ist zugleich eine Funktion und eine Reihe von Prozessen, „for creating, communicating, delivering, and exchanging offerings that have value for customers, clients, partners, and society at large“ (American Marketing Association, 2015, o.S.). Verschiedene Verständnisse führen dazu, dass Marketing als Strategiebegriff verwendet wird, der weit über Kommunikation hinausgeht und beispielsweise auch Produkt-, Preis- oder Distributionsentscheidungen umfasst oder als marktgerichtete Kommunikation verstanden wird (Lies, 2008a, S. 52-53; Meffert, Burmann & Kirchgeorg, 2015, S. 22). Marketing wird daher zeitweilen synonym verwendet mit den Begriffen Markt- oder Marketingkommunikation (Kirchner, 2001, S. 167-168; Süss, Zerfaß & Dühring, 2011, S. 29; Zerfaß, 2010, S. 289). Da die Erarbeitung einer Unterscheidung dieser Begriffe nicht dieser Arbeit obliegt, wird hierauf nicht näher eingegangen.[2] Ist im weiteren Verlauf von Marketing die Rede, ist der kommunikationsbezogene Teil desselbigen gemeint. Ein Marketinginstrument und damit ein Teilbereich, der wesentliche Aspekte mit Marketingkommunikation teilt, ist Werbung (Fröhlich, 2015, S. 111; Röttger et al., 2014, S. 30). Daher wird diese hier unter Marketingkommunikation gefasst, sodass beide gemeinsam von PR abgegrenzt werden. Mögliche Abgrenzungskriterien stellt Tabelle 3 dar, die lediglich dem Überblick und einem groben Verständnis dienen soll. Denn mit Ausnahme des Bezahlkriteriums sind die aufgeführten Merkmale stark normativ geprägt und eignen sich nicht hinreichend zu einer Abgrenzung (Fröhlich, 2015, S. 112, 114). Auch die Aufteilung der Aufgabengebiete ist weder eindeutig noch kritiklos hinzunehmen, da diese sich aufgrund der sich stetig wandelnden Disziplinen verändern können.

---

2 Eine Systematisierung findet sich unter anderem bei Bruhn (2008b, S. 32, 86) und Eisend (2003, S. 25).

	Public Relations		Marketingkommunikation
Primärer Zweck (Auswahl)	Legitimation, Aufbau und Pflege von Vertrauen, Reputation, Image, Verständnis, Glaubwürdigkeit und Kommunikationsbeziehungen		Letztlich absatzmarktorientierte (z.B. finanzielle) Unternehmensziele traditionell: Verkauf von Produkten/Dienstleistungen; modern: Aufbau von Kundenbeziehungen
Zeithorizont	Mittel-/langfristig		Traditionell: kurzfristig; modern: langfristig
Zielgruppen	Teilöffentlichkeiten/ Bezugsgruppen (auch und insbesondere abseits des Marktes)		Traditionell: potenzielle Käufer/ Zielgruppen im Markt; modern: weitere Stakeholder (die Zielgruppen im Markt beeinflussen können)
Kom.-objekt	Gesamtorganisation		Produkte/Dienstleistungen
Zugang zum Mediensystem	Nachrichtenwerte; Fremddarstellung; unbezahlt		Gekaufter Anzeigenraum; Selbstdarstellung; bezahlt (Werbung u.a.)
Aufgabengebiete/ Instrumente (Auswahl)	Public Affairs, Media Relations, Event-PR, Krisen-PR, Investor Relations, Online-PR, Sponsoring	Corporate Advertising, Product Publicity, Krisenkommunikation, Investor Relations, Sponsoring	Messe- und Event-Marketing, Promotion, Online-Kommunikation, Direktmarketing, Mediawerbung, Sponsoring

Tabelle 3: Idealtypische Abgrenzung von PR und Marketingkommunikation

Quelle: eigene Darstellung nach Bentele, 1995, S. 14-15; Bruhn, 2015a, S. 373-489; Bruhn & Ahlers, 2009, S. 304; Fröhlich, 2015, S. 113; Hutton, 1996, S. 157; Kotler, Armstrong, Wong & Saunders, 2011, S. 39; Mast, 2013, S. 9; Meffert et al., 2015, S. 16-18; Merten, 2000, S. 184; Röttger, 2008, S. 506-508; Röttger et al., 2014, S. 29-31

Die nicht eindeutige Trennung ist verschiedenen Umständen geschuldet, wie dem Paradigmenwechsel im Marketing, auf den später eingegangen wird (Süss et al., 2011, S. 29). Außerdem erfüllt PR neben Presse- und Medienarbeit heute weitere kommunikative Aufgaben und Funktionen und richtet sich nicht nur an Journalisten (Fröhlich, 2015, S. 111-112). Die Abgrenzungsproblematik wird nicht zuletzt durch das Social Web „im Sinne partizipativer, interaktiver Formen der Kommunikation und Interaktion im Internet“ (Welker & Zerfaß, 2008, S. 12) verschärft (Estanyol, 2012, S. 831). Es wird von PR- und Marketing-Praktikern für Kommunikationskampagnen genutzt und ist entsprechend Gegenstand beider Forschungsrichtungen (Estanyol, 2012, S. 835; Verhoeven, Tench, Zerfaß, Moreno & Verčič, 2012). Eine eindeutige Trennung der Bereiche ist also wegen der fließenden Grenzen, die sich auch in der Praxis ergeben, nahezu unmöglich (Röttger et al., 2014, S. 18, 29). Dies kann für Startups ein Problem darstellen, das sich durch vermeintlich geringes Kommunikationswissen oder den Ressourcenmangel verschärfen könnte (vgl. Kapitel 2.B und 2.D). Dennoch ermöglichen die Kriterien einen groben Überblick und können als Indikatoren dienen, um festzustellen, ob die Kommunikation von Startups eher PR oder Marketingkommunikation entspricht. Je nach Verständnis und Nutzung der Kommunikationsformen kann auch ihr Verhältnis zueinander innerhalb von Organisationen unterschiedlich sein (Tabelle 4).

Modell	Kostenvorteile/Ressourcennutzung und Synergien	Typisches Vorkommen
Zölibatär: Nur eine Funktion existent	Niedrige Kosten; u.U. fehlende Expertise der jeweils anderen Funktion; keine Synergieeffekte	Neue, kleine Organisationen; non-profit: i.d.R. nur PR; for-profit: i.d.R nur Marketing
Koexistent: Funktionen arbeiten unabhängig	Potenziell doppelte Kosten; keine Synergieeffekte	Etablierte, traditionelle Unternehmen; getrennte Abteilungen
Entgegengesetzt: Funktionen im Widerspruch	Potenziell teuer; keine gemeinsame Nutzung von Ressourcen; keine Synergieeffekte	Wachsende Unternehmen, die noch Ressourcen zu verteilen haben; Unternehmen, in denen Wettbewerb geduldet wird
Kooptativ: Eine Funktion bemächtigt sich der anderen	Teilweise Ressourcenteilung, oft Machtkampf; limitierte Synergieeffekte	Wettbewerbskultur in der eine Funktion (oft PR) schwach ist
Koordiniert: Unabhängige Funktionen in enger Zusammenarbeit mit gemeinsamen Zielen	Ressourcen werden manchmal geteilt; sehr effizient; deutliche Synergieeffekte	Unternehmen in denen beide Funktionen anerkannt werden, gut entwickelt und unabhängig sind aber gleichgestellt sein können
Kombiniert: Gleichgestellt und überlappend	Überschneidungen und Zusammenarbeit; PR-Personal oft Teil der Marketing-Abteilung; hohe Effizienz möglich	Unternehmen, in denen für bestimmte Aufgaben zusammengearbeitet wird; Existenz von zwei getrennten Bereichen
Marketing(kom.) = PR	Maximale Effektivität und Synergieeffekte durch Ressourcenteilung	Unternehmen, in denen beide Funktionen hoch angesehen und nicht getrennt sind

Tabelle 4: Beziehungstypologie für das Verhältnis von PR und Marketing

Quelle: eigene Darstellung nach Hallahan, 1992, S. 8-10; Kotler & Mindak, 1978, S. 17-18

Hier wird auf das Modell von Kotler und Mindak (1978) in Kombination mit dem darauf aufbauenden von Hallahan (1992) zurückgegriffen, die mögliche Beziehungen zwischen Marketing und PR darstellen. Nach Hallahan (1992) würden Startups als kleine Unternehmen in das zölibatäre Modell eingeordnet, was auf die für Startups besonders relevanten niedrigen Kosten zurückzuführen ist (S. 9). Auch die Existenz widersprüchlicher

Funktionen ist nach diesem Schema denkbar, weil Startups als wachsende Unternehmen gelten (ebd.).

Exkurs: Investor Relations – ein spezielles Aufgabengebiet für Startups

An dieser Stelle wird Investorenkommunikation beziehungsweise IR als Aufgabengebiet herausgegriffen. Sie wird betrachtet, da es hier ebenfalls weiterer theoretischer und empirischer Forschung bedarf. So lässt sich IR bisher in der Theorie nicht eindeutig einem bestimmten Kommunikationsbereich zuordnen, was an die Abgrenzungsproblematik anknüpft. Daneben hat sich im Verlauf der Recherche zu dieser Arbeit herauskristallisiert, dass dieses Gebiet für Startups relevant sein kann. Denn einige Startups sind auf externe Kapitalgeber angewiesen, welche finanzielle Ressourcen für das Wachstum bereitstellen, wodurch ein positives Ergebnis erzielt werden kann (Knecht, 2002, S. 105). Es gilt daher, Investoren zu überzeugen und ihnen das Unternehmen sowie das Geschäftskonzept durch Kommunikation näherzubringen, um Vertrauen und Glaubwürdigkeit zu erzeugen. Die Kommunikation mit ihnen wird IR oder Finanz(markt)kommunikation genannt und „bezeichnet die strategisch geplante und zielgerichtete Gestaltung der Kommunikationsbeziehung zwischen einem (börsennotierten) Unternehmen und der Financial Community" (Achleitner, Bassen & Fieseler, 2008, S. 263). Dabei kommen pflichtgemäße und freiwillige Kommunikationsmaßnahmen zum Tragen (Kirchhoff & Piwinger, 2014, S. 1080). Ist von IR die Rede, bezieht sich diese meist auf börsennotierte Unternehmen, die gewissen Pflichten wie beispielsweise der ad-hoc-Publizität nachkommen müssen (Achleitner et al., 2008, S. 275). Dies gilt für Startups nicht. Hier ist es Aufgabe der IR, externe Kapitalgeber zu werben und vorhandene Investoren mit Informationen zu versorgen (Witt, 2002, S. 508). Ist in vorliegender Arbeit von IR die Rede, soll der Fokus auf diesen Zielgruppen liegen, da sie durch Bereitstellung von Kapital entscheidend für das Überleben des Unternehmens sein können. Neben Investoren gelten grundsätzlich Fondsmanager, Finanzanalysten oder Multiplikatoren wie Wirtschaftsjournalisten als Zielgruppen von IR (Kirchhoff & Piwinger, 2014, S. 1087-1088). Fondsmanager und Analysten sind jedoch für börsennotierte Unternehmen und weniger für Startups relevant. Wirtschaftsjournalisten werden ebenfalls in dieser Arbeit nicht im Rahmen von IR betrachtet, weil Startups im Vergleich zu Großunternehmen zunächst einen geringen Einfluss auf den Wirtschafts- und Finanzmarkt haben und daher kaum ein bedeutendes Berichterstattungsobjekt darstellen dürften.

Da IR ein noch junges Forschungsgebiet ist, existiert keine einheitliche Definition oder Einordnung in die Unternehmenskommunikation (ebd., S. 1081). Was in Bezug auf das Feld im Allgemeinen gilt, trifft im Besonderen auf IR in Startups zu, weshalb sie im Verlauf der Arbeit innerhalb der verschiedenen Ansätze dargelegt wird, wobei eigene Überlegungen einfließen. IR ist zu einer grundlegenden Betrachtung der Startup-Kommunikation notwendig. Da sie jedoch nicht das Kerninteresse der Arbeit betrifft, ist sie in ihrer Komplexität nicht vollständig zu erfassen und wird daher nicht umfassend behandelt.

C Unternehmenskommunikation aus betriebswirtschaftlicher Perspektive

Verständnis und Strategie bezüglich externer Unternehmenskommunikation hängen auch von der zugrunde liegenden theoretischen Sichtweise ab. Zunächst soll die betriebswirtschaftliche Sicht eingenommen werden, die Kommunikation innerhalb marketingorientierter Ansätze betrachtet (Röttger, 2010, S. 26, 56). Im Anschluss werden kommunikationswissenschaftliche Konzepte beleuchtet. So gelangt die Arbeit gewissermaßen vom Allgemeinen zum Besonderen, wobei sich die Relevanz der externen Kommunikation steigert. Marketingorientierte Ansätze werden verhältnismäßig kurz behandelt. Hierauf soll nicht der Hauptfokus der Arbeit liegen, denn sie bieten keine ausreichende Basis für eine Untersuchung der Unternehmenskommunikation, weil sie der Kommunikationsarbeit im Vergleich zu kommunikationswissenschaftlichen Konzepten wenig Raum bieten. Erwähnenswert sind sie dennoch. Es ist zu vermuten, dass Startups, die mit begrenztem Finanz- und Humankapital konfrontiert sind, speziell Wert auf Maßnahmen legen, die sich direkt auf betriebswirtschaftliche Aspekte auswirken wie etwa die ökonomische Leistungsfähigkeit. Kommunikation wird womöglich vernachlässigt, was im empirischen Teil der Arbeit zu untersuchen ist.

Für Bruhn, der als ein Vertreter der betriebswirtschaftlichen Sichtweise gilt, umfasst die Kommunikation eines Unternehmens „die Gesamtheit sämtlicher Kommunikationsinstrumente und -maßnahmen eines Unternehmens, die eingesetzt werden, um das Unternehmen und seine Leistungen den relevanten […] Zielgruppen der Kommunikation darzustellen“ (Bruhn, 2015a, S. 5). In früheren Publikationen verwendet Bruhn (1995) diese Definition für den Begriff *Unternehmenskommunikation* (S. 12). Hiervon gehen Röttger et al. (2014) noch immer aus (S. 26). Heute betrachtet Bruhn

(2015a) die Kommunikation allerdings differenzierter und sieht Unternehmenskommunikation neben Marketing-, Mitarbeiterkommunikation und weiteren als eine Erscheinungsform der Kommunikation eines Unternehmens (S. 4). Zielgerichtete Entscheidungen, die die Ausrichtung der Kommunikation betreffen, nennt Bruhn (ebd.) Kommunikationspolitik (S. 3). Sie umfasst Maßnahmen sämtlicher Erscheinungsformen der Kommunikation von Unternehmen, die wiederum zu Kommunikationsinstrumenten gebündelt werden können (ebd.). Kommunikation von Unternehmen, über die durch Kommunikationspolitik zielgerichtet entschieden wird, kann als strategisch und zweckorientiert angesehen werden, was wiederum der in Kapitel 3.A zugrunde gelegten Definition von Unternehmenskommunikation entspricht. Sie soll entgegen der Bruhn'schen Begriffsdefinition daher auch hier als solche bezeichnet werden. PR gilt innerhalb marketingorientierter Ansätze als Kommunikationsinstrument, dessen Stellenwert vom zugrunde liegenden Paradigma abhängt (ebd., S. 416).

Rolle der Unternehmenskommunikation aus der Perspektive des Transaktionsmarketings

Im Paradigma des Transaktionsmarketings stehen die Transaktion einer Einzelleistung und die Gewinnung von Neukunden beziehungsweise die Realisierung von Erstkäufen im Vordergrund (ebd., S. 27, 31). Hier nimmt Marketing eine undifferenzierte Marktsicht ein (Riemer, 2008, S. 10). Um Unternehmens- und Marketingziele möglichst effizient zu erreichen, wird der Marketingmix genutzt, der die optimale Kombination der Marketinginstrumente darstellen soll (Bruhn, 2014b, S. 28; Bruhn, 2015a, S. 12). Mit Marketinginstrumenten wiederum, konkreten Maßnahmen, die auf Zielgruppen und Märkte gerichtet sind, um Ziele und Strategien zu realisieren, kann am Markt agiert und reagiert werden (Becker, 2013, S. 487). Um Marketinginstrumente einzuteilen, existieren verschiedene Systematiken, wobei die gängige Vierersystematik, nach McCarthy (1960, S. 45) auch *vier Ps* genannt, Product (Produkt- und Programmpolitik), Price (Preispolitik), Place (Distributionspolitik) und Promotion (Kommunikationspolitik) umfasst (Becker, 2013, S. 487; Lies, 2008b, S. 442).

Im Transaktionsmarketing sollen eher kurzfristige Ziele erreicht werden, wie bei potenziellen Kunden Bekanntheit und Präferenz für das Unternehmen und sein Angebot zu schaffen, um den Absatz und Umsatz zu steigern, Marktanteile zu gewinnen und das oberste Marketingziel – die Kundengewinnung – zu realisieren (Bruhn, 2000, S. 11; Bruhn, 2014b, S. 31; Fuchs

& Unger, 2014, S. 243). Kommunikation hat eine rein verkaufsunterstützende Funktion und soll helfen, eben jene Ziele zu verwirklichen, Interesse zu wecken und bei der Einführung neuer sowie der Repositionierung bestehender Produkte zu unterstützen (Bruhn, 2000, S. 11; Fuchs & Unger, 2014, S. 243). Ihre Aufgabe ist es zudem, das Unternehmen darzustellen, Informationen über dessen Leistungen an ein breites Massenpublikum zu kommunizieren und Produktwissen zu erzeugen (Bruhn, 2000, S. 11; Bruhn, 2015a, S. 31). Aufgrund dessen dominiert hier Push-Kommunikation, also ein einseitiger Kommunikationsprozess, der vom Unternehmen ausgeht (Bruhn, 2014a, S. 15, 21; Bruhn, 2015a, S. 31-32). Durch Kommunikationsinstrumente wie Werbung, Verkaufsförderung, Direktmarketing, Event-Marketing oder PR soll außerdem ein marktadäquates Image erarbeitet werden, das sich positiv auf ein Unternehmen und seine Produkte auswirkt (Becker, 2013, S. 489; Bruhn, 2014b, S. 204; Kotler, Keller & Opresnik, 2015, S. 588-589).

PR gilt hier als ein Kommunikationsinstrument des Marketings, das vor allem der Absatzförderung dienen soll (Röttger, 2009, S. 10; Röttger et al., 2014, S. 22). Während andere Instrumente mehr oder weniger stark auf den Absatz ausgerichtet sind, kann sich PR auch auf das nicht-marktverbundene Umfeld beziehen (Mast, 2013, S. 37-38). Da der positive Beitrag zu steigenden Verkäufen im Massenmarketing nicht unbedingt direkt der PR zugeschrieben werden kann, wird sie oft ignoriert oder unterschätzt (Petrison & Wang, 1993, S. 236-237). Mehr Wert wird auf Instrumente gelegt, die unmittelbar auf kurzfristige Verkaufsförderung ausgerichtet sind (ebd., S. 237). Einige Autoren wie Hollensen und Opresnik (2010) stecken das Aufgabenfeld der PR im Transaktionsmarketing sehr eng ab und verstehen hier unter Presse- und Medienarbeit (S. 275).

Rolle der Unternehmenskommunikation aus der Perspektive des Relationship Marketings

Die traditionelle Transaktionsorientierung des Marketings, die sich auf den Einsatz der *vier Ps* konzentriert, wird den speziellen Kundenerwartungen oft nicht gerecht (Bruhn, 2014b, S. 30-31). Verschiedene Entwicklungen wie eine veränderte Markt- und Wettbewerbssituation, Sättigung der Märkte, ein verbessertes Informationsniveau durch das Internet oder zunehmende Heterogenität von Kundenerwartungen führen zu einer Veränderung der Ausrichtung des Marketings (Bruhn, 2003, S. 47; Bruhn, 2015a, S. 31; Riemer, 2008, S. 10). Die neue Form des Marketings wird als Beziehungsmarketing oder Relationship Marketing bezeichnet (Bruhn, 2015b; Riemer, 2008, S. 10). Es existieren verschiedene Sichtweisen, die Relationship Marketing unterschiedlich stark auf bestimmte Stakeholder[3] eingrenzen. Im engeren Sinne betrifft es ausschließlich Kundenbeziehungen (Bruhn, 2015b, S. 12). Es wird dann verstanden als „customer-centered approach whereby a firm seeks long-term business relations with prospective and existing customers" (Evans & Laskin, 1994, S. 440). Im weiteren Sinne steuert Relationship Marketing den Aufbau und Erhalt von Beziehungen zu sämtlichen Anspruchsgruppen eines Unternehmens (Bruhn, 2015b, S. 12; Ravald & Grönroos, 1996, S. 19). Neben Marktbeziehungen wie zu Kunden, Lieferanten oder Wettbewerbern werden auch diejenigen zu öffentlichen Autoritäten oder Medien einbezogen, die das Marktverhalten ebenso beeinflussen können (Grönroos, 1994b, S. 355; Gummesson, 2002, S. 39).

Im Relationship Marketing müssen Instrumente zum Aufbau und zur Pflege von Beziehungen gezielt eingesetzt werden (Bruhn, 2015a, S. 11). Daher kommt der Kommunikation eine strategische Bedeutung zu (Bruhn, 2015a, S. 31; Lindberg-Repo & Grönroos, 2004, S. 229). Da die Beziehungen für gewöhnlich langfristiger Natur sein sollen, liegt der Fokus nicht mehr nur auf Zielgruppen, die kurzfristig Profitabilität schaffen, sondern auch auf solchen, die in Zukunft relevant werden könnten (Bruhn, 2009, S. 491; Grönroos, 1994a, S. 9). Darüber hinaus ändern sich die Ziele. So sind zwar auch im Beziehungsmarketing unmittelbar mit dem ökonomischen Nutzen in Verbindung stehende Ziele relevant (Bruhn, 2009, S. 495; Bruhn, 2015b, S. 115-116). Daneben existieren weitere, die stärker kommunikationsabhängig sind und hinausgehen über leistungsbezogene, kurzfristige Zielgrößen wie die Erzeugung von Bekanntheit (Bruhn, 2009, S. 491, 495). In Folge der zunehmenden Heterogenität von Produkten ermöglicht erst die Entwicklung und Pflege zufriedenstellender, langfristiger Beziehungen zu Anspruchsgruppen eine Wettbewerbsdifferenzierung beziehungsweise -profilierung, die durch Kommunikation, speziell PR, gefördert werden kann (Bruhn, 2014a, S. 178; Kirchner, 2001, S. 65). Hierfür müssen unter anderem Vertrauen und Zufriedenheit aufgebaut sowie Commitment erzeugt werden, was bedeutet, dass sich der Kunde aufgrund der positiven Beziehung dem Unternehmen verpflichtet fühlt (Bruhn, 2009, S. 495-496). Die Kommunikation trägt damit gemeinsam mit anderen Faktoren zum

---

3 Stakeholder sind nach Freeman (2010) „any group or individual who can affect or is affected by the achievement of the organization's objectives" (S. 46).

Wiederkauf bei und soll Kunden anregen, das Unternehmen weiterzuempfehlen (ebd., S. 496).

Kommunikationsziele und -inhalte müssen im Relationship Marketing an den Kundenbedürfnissen ausgerichtet werden (Bruhn, 2015a, S. 31). Kunden können selbst Informationen abrufen, was dazu führt, dass statt der Push-Kommunikation, die nach dem klassischen Sender-Medium-Empfänger-Modell ausgerichtet ist, Pull-Kommunikation in den Vordergrund tritt (ebd., S. 31-32). Im besten Fall sollte ein Dialog entstehen (Grönroos, 2000, S. 6). Da nicht mehr nur der einmalige Verkauf eines Angebots, sondern die Pflege von Beziehungen vorrangiges Kommunikationsziel ist, kommt PR eine steigende Relevanz zu (Mast, Huck & Güller, 2005, S. 65; Petrison & Wang, 1993, S. 236-237). Denn diese umfasst das Management der Beziehungen zu relevanten Anspruchsgruppen, wodurch sie zu einem strategischen Kommunikationsinstrument mit langfristiger Bedeutung wird (Bruhn, 2014a, S. 178; Bruhn, 2014b, S. 235; Fuchs & Unger, 2014, S. 163). PR zielt weniger direkt auf Absatzförderung ab, sondern zahlt neben der Gestaltung und Pflege vertrauensvoller Beziehungen mit der Öffentlichkeit unter anderem auf die Erzeugung von Glaubwürdigkeit sowie den Aufbau und Erhalt von Vertrauen ein (Bruhn, 2014b, S. 233-234; Bruhn, 2015a, S. 416; Kotler et al., 2015, S. 642; Pflaum & Linxweiler, 1998, S. 16-17). Nach Petrison und Wang (1993) überblicken kleine Unternehmen ihre Interaktionen mit individuellen Kunden eher als Großunternehmen und erkennen darum den Effekt, den PR haben kann (S. 237). Dies spricht durchaus dafür, dass PR in Startups eine höhere Bedeutung zukommen könnte.

Der Paradigmenwechsel vom Transaktions- zum Beziehungsmarketing hat dazu beigetragen, dass PR auch innerhalb marketingorientierter Ansätze nicht mehr nur als ein Gebilde aus verschiedenen Instrumenten betrachtet oder auf Pressearbeit reduziert wird (Bruhn & Ahlers, 2009, S. 301). PR dient als Grundlage dafür, dass Unternehmen erfolgreich tätig sein können (Bruhn, 2014b, S. 233). Dennoch ist festzuhalten, dass Unternehmen im Aufbau langfristiger Beziehungen keinen Selbstzweck sehen. Relationship Marketing geht davon aus, dass Anzahl und Intensität der Kommunikationsbeziehungen zu den Kunden den Geschäftserfolg beeinflussen (Mast et al., 2005, S. 65). Der Grund ist, dass Beziehungen zu Unternehmensgewinnen und niedrigeren Kosten führen, weil Kundenbindung mit weniger monetären Aufwendungen verbunden ist als Kundengewinnung (Blut, 2008, S. 9). Auch die Pflege der Beziehungen zu anderen Anspruchsgruppen ist letztlich auf den Erfolg des Unternehmens ausgerichtet, da sich diese positiv auf Kundenbeziehungen auswirken können, die als besonders entscheidend gelten (Bruhn, 2015b, S. 12). Durch die erweiterte Marketingperspektive gilt PR also als wichtiges, aber untergeordnetes Instrument im Marketing.

Investor Relations aus marketingorientierter Perspektive

Ein Anknüpfungspunkt für IR innerhalb der Marketingtheorie ist das Beziehungsmarketing (Achleitner et al., 2008, S. 264). Im Transaktionsmarketing wird es dagegen versäumt, Investoren als Zielgruppe zu beleuchten. Aus marketingorientierter Sicht wird IR dem Finanzbereich von Unternehmen zugeordnet, wobei hier eine Einordnung in das Finanzmarketing naheliegt (Janik, 2002, S. 14). Unterschieden werden muss zwischen IR im weiteren und im engeren Sinne. IR im weiteren Sinne entspricht dem Finanzmarketing und umfasst diverse finanzpolitische Maßnahmen, die auch die Preis-, Produkt- oder Distributionspolitik betreffen können (ebd.). Kommunikationsspezifische Aufgaben gelten dagegen als IR im engeren Sinne, werden der Kommunikationspolitik zugeordnet und umfassen die Kommunikation mit Investoren, Aktionären oder Finanzjournalisten, wobei für Startups vor allem erstere relevant sind (Janik, 2002, S. 14; Witt, 2002, S. 509; vgl. Kapitel 3.B). In früheren Publikationen wurde IR als „Erscheinungsform der Public Relations" (Bruhn, 2005, S. 728) häufig der PR zugeordnet. Mittlerweile bildet sie zunehmend ein eigenes Profil aus, kann also als bedeutsamer und eigenständig betrachtet werden (Achleitner et al., 2008, S. 264).

D Unternehmenskommunikation aus kommunikationswissenschaftlicher Perspektive

Im Hinblick auf Startup-Kommunikation existiert bisher keine grundlegende Forschung. Deshalb empfiehlt es sich, eine weitere Sichtweise heranzuziehen, um eine möglichst breite Basis zu schaffen, weshalb kommunikationswissenschaftliche Ansätze einbezogen werden. In Bezug auf die Bedeutung von Kommunikation stellen sie eine Steigerung zu marketingorientierten Konzepten dar. PR übernimmt zunehmend die Rolle einer zentralen Managementfunktion, die für Verständigung innerhalb der Organisation und mit externen Bezugsgruppen sorgen will (Bentele & Will, 2008, S. 159; Huck, 2004, S. 29). Die kommunikationswissenschaftliche Perspektive soll ausführlicher dargestellt werden. Zum einen, weil Unternehmenskommunikation als Untersuchungsgegenstand detaillierter beleuchtet werden kann. Zum anderen, weil zu vermuten ist, dass Kommunikation – insbesondere PR, die auch mit geringen finanziellen Mitteln durchgeführt werden kann – für Startups äußerst relevant ist. Durch sie können die Unternehmen wachsen und ihre innovativen Aspekte erklären.

I Externe Unternehmenskommunikation nach Zerfaß

Einen Ansatz, der die Brücke zwischen Betriebswissenschaft und Kommunikationswissenschaft zu schlagen versucht, liefert Zerfaß (2010). Seine Grundlegung einer Theorie der Unternehmenskommunikation bezieht sich auf ökonomische Organisationen (Röttger, 2010, S. 155; Zerfaß, 2014, S. 43). Da der Ansatz wirtschaftliche Aspekte einbezieht, sollte er in der Untersuchung der Kommunikation von Startups Beachtung finden. Der Umstand, dass Zerfaß (2010) eine Aufteilung der externen Kommunikation vornimmt, ist für die vorliegende Untersuchung gewinnbringend, da nicht nur ein Blick auf den Markt, sondern auch auf das gesellschaftspolitische Umfeld geworfen wird. Zudem kann durch das Konzept der Stellenwert von PR innerhalb der Unternehmenskommunikation ergründet werden (ebd., S. 386).

Startups müssen aufgrund bestimmter Merkmale wie ihres schnellen Wachstums und ihres innovativen Charakters dafür Sorge tragen, dass sie selbst und ihre Produkte, Dienstleistungen oder Technologien schnell in den Markt gelangen. Damit ist die Kommunikation in Bezug auf den Markt entscheidend. Daneben spielt das gesellschaftspolitische Umfeld eine Rolle. Startups sind darauf angewiesen, dass ihr Produkt aus einer inneren Überzeugung heraus gekauft wird, um das benötigte Wachstum zu erlangen und sich von Konkurrenten abzuheben. Damit entsteht die Herausforderung, dem vollkommen Neuen eine gesellschaftliche Relevanz einzuräumen sowie Aufmerksamkeit und Präferenz zu erzeugen, um einen gewissen Stellenwert innerhalb der Gesellschaft zu schaffen.

Zerfaß (2010) definiert Unternehmenskommunikation als „alle kommunikativen Handlungen von Organisationsmitgliedern, mit denen ein Beitrag zur Aufgabedefinition und -erfüllung in gewinnorientierten Wirtschaftseinheiten geleistet wird“ (S. 287). Einbezogen werden dabei zweckorientierte Kommunikationshandlungen, die dazu dienen, die Ziele einer Wirtschaftsorganisation zu verfolgen (ebd., S. 43). Diese Art von Kommunikation dürfte für Startups besonders relevant sein, weil sie sich in ihrem Umfeld behaupten müssen, um zu einem etablierten Unternehmen zu werden. Für

Röttger et al. (2014, S. 124) ist die Definition, von Zerfaß (2010) zu breit gefasst, da sie „sämtliche Kommunikationsprozesse in und von erwerbswirtschaftlichen Organisationen“ (S. 20) einschließt. Dieser Kritik kann ich nicht zustimmen. Grund dafür ist, dass Zerfaß (2010) ausdrücklich von „zweckorientierte[r]“ (S. 43) Kommunikation spricht und Kommunikationsprozesse, bei denen Akteure nicht als Organisationsmitglieder handeln, von Unternehmenskommunikation ausschließt (Zerfaß, 2010, S. 43, 287; Zerfaß, 2014, S. 43). Dies entspricht der in Kapitel 3.A festgelegten Definition der strategischen Unternehmenskommunikation. Sie muss nach Zerfaß (2010) unterschiedliche Aufgaben erfüllen, die sich in der begrifflichen Abgrenzung der drei Bereiche Organisationskommunikation, Marktkommunikation und PR zeigen, von denen die letzten beiden der externen und der erste der internen Kommunikation zugeordnet werden (S. 287, 289). Die hier betrachtete externe Kommunikation wird zum elementaren Bestandteil der Unternehmenstätigkeit, weil sie Prozesse der Interessenabstimmung und Handlungskoordination im Marktumfeld und im gesellschaftspolitischen Umfeld fördert (ebd., S. 297). Damit steht mit der Orientierung an Markt und Gesellschaft der doppelte Umweltbezug im Mittelpunkt des Konzepts, weshalb die Beziehungen zum Markt und zum gesellschaftspolitischen Umfeld gleichrangig sind (Röttger et al., 2014, S. 123). Erwähnt werden soll an dieser Stelle, dass Zerfaß in späteren Publikationen IR beziehungsweise Finanzkommunikation als weiteren Teilbereich der Unternehmenskommunikation nennt (Süss et al., 2011, S. 25; Zerfaß & Köhler, 2012, S. 147). Er bezieht sich auf börsennotierte Kapitalgesellschaften und die damit einhergehenden Regulierungen wie Veröffentlichungspflicht und ad-hoc-Regeln sowie auf die Bezugsgruppen der Analysten oder Finanzjournalisten (Achleitner et al., 2008, S. 275; Zerfaß & Köhler, 2012, S. 147). Hierzu finden sich keine tiefgreifenden Erklärungen, besonders in Bezug auf Startups. Daher werden später eigene Überlegungen angestellt, aufbauend auf dem Konzept von Zerfaß.

PR im gesellschaftspolitischen Umfeld

Zerfaß (2010) sieht PR, die als Teilbereich der Unternehmenskommunikation gilt, nicht als „Anhängsel der Marktkommunikation“ (S. 47), wie dies in marketingtheoretischen Ansätzen der Fall ist, sondern als eigenen Bereich. Im gesellschaftspolitischen Umfeld, das alle regulativen Beziehungen in nicht-ökonomischen Sphären umfasst und auf das sich PR bezieht, treffen Unternehmen auf unterschiedliche Bezugsgruppen, die die Unternehmensstrategie beeinflussen oder von ihr beeinflusst werden (ebd., S. 297, 301-302). Zu diesen strategischen Bezugsgruppen sollen langfristige Beziehungen aufgebaut werden (Röttger, 2010, S. 80). PR dient damit dem Beziehungsmanagement und der Imagepflege und soll die Unternehmensstrategie in den Handlungsfeldern von Gesellschaft und Politik durchsetzen, Legitimation herstellen und gesellschaftliche Anforderungen in das organisatorische Entscheidungssystem aufnehmen (Zerfaß, 2010, S. 298; Zerfaß, 2014, S. 44, 49). Dabei sind rechtlich vorstrukturierte und nicht vorstrukturierte Beziehungen relevant, wobei letztere von größerer Bedeutung sind (Zerfaß, 2010, S. 302-303).

PR agiert im gesellschaftspolitischen Umfeld in unterschiedlichen Kommunikationsarenen beziehungsweise Handlungsfeldern oder Öffentlichkeiten, in denen verschiedene Akteure, Themen, Kommunikationsstrukturen und Funktionen anzutreffen sind (ebd., S. 197, 305). Die Handlungsfelder können miteinander verflochten sein (ebd., S. 200). In Bezug auf diese sollen mit Hilfe von PR unterschiedliche Ziele erreicht werden. So existiert eine soziokulturelle Öffentlichkeit mit sozialen Akteuren wie Kommunen, Kritikergruppen oder Wissenschaftlern, die in ihren Einstellungen und Handlungen beeinflusst werden sollen (ebd., S. 305-306). Dabei sollen Images und Vertrauenspotenziale aufgebaut und aktiviert werden (ebd., S. 306). In der politisch-administrativen Öffentlichkeit befinden sich Regierungen, Behörden oder Parteien (ebd., S. 305-306). PR hat hier zum Ziel, auf den Autorisierungsprozess für Rechtsnormen direkt einzuwirken und Wertordnungen zu beeinflussen (ebd., S. 306). Die gesellschaftspolitische Öffentlichkeit, in der Bürger, gesellschaftspolitische Meinungsführer oder Medienvertreter angesiedelt sind, gilt als Knotenpunkt, der einen Resonanzboden für gesamtgesellschaftliche Probleme und Lösungsvorschläge bereitstellt (ebd., S. 201, 305-306). Die gesellschaftspolitische Öffentlichkeit weist einen intermediären Charakter auf und beeinflusst andere Kommunikationsarenen (ebd., S. 202). Unternehmen können Anspruchsgruppen also direkt oder indirekt ansprechen (ebd., S. 355). Bei einer indirekten Ansprache leiten Medienkommunikatoren und Meinungsführer die Kommunikation weiter und steigern so ihre Effektivität (ebd.).

PR-Ziele werden von Zerfaß (2010) als dominant, primär und sekundär klassifiziert (S. 349). Dominantes Ziel der PR ist es, einen Beitrag zur sozialen Integration und damit zur Strukturierung sozialer Beziehungen im gesellschaftspolitischen Umfeld des Unternehmens zu leisten (ebd.). Die eigenen Zwecksetzungen müssen mit denen anderer Akteure durch Kommunikation abgestimmt werden (ebd., S. 210-211). Im Zusammenhang mit sozialer Integration spielt auch das Lösen von Konflikten durch Kommunikation eine Rolle (ebd., S. 349). Soziale Integration scheint eine Ebene der Zielsetzung zu sein, die vor allem für etablierte Unternehmen relevant sein dürfte. Ob Startups ein solch komplexes Ziel verfolgen, erscheint fraglich, da wohl Ziele wie das Steigern von Umsatz oder Bekanntheit eine größere Rolle spielen. Weiterhin definiert Zerfaß (2010) verschiedene Arten der Einflussnahme als primäre Ziele und Verständigung im Sinne der Wissensbildung als sekundäres Ziel (S. 351).

Um die Ziele zu erreichen, stehen grundsätzlich drei idealtypische PR-Stile zur Verfügung, die sich in der Art der Einflussnahme unterscheiden (ebd., S. 184). Mit immer präsenten Kommunikationspartnern wird kontinuierlich kommuniziert, wobei ein argumentativer PR-Stil zu bevorzugen ist (Röttger et al., 2014, S. 124; Zerfaß, 2010, S. 349-350). Damit sollen gemeinsame Problemlösungsprozesse initiiert werden und Beteiligte die Möglichkeit erhalten, Wahrheit von Behauptungen zu unterscheiden oder die Berechtigung einer Forderung selbst zu prüfen (Zerfaß, 2010, S. 350). Dabei muss ein dialogischer Kommunikationsprozess zugrunde liegen, damit ein Konsens angestrebt werden kann (ebd., S. 185). Dialoge dürften dazu beitragen, der Zielgruppe das Gefühl zu vermitteln, dass auf sie eingegangen wird und sie relevant ist. Für Startups bietet dies die Chance, Zielgruppen von sich zu überzeugen und diese zu Fürsprechern zu machen. Ein informativer PR-Stil wird genutzt, wenn sich die Öffentlichkeitsarbeit „an *verschiedene* Adressaten richtet, bei denen die Kommunikation aufgrund divergierender Interessenlagen und Kontextbedingungen zu einer *unterschiedlichen* Art der Einflussnahme führt“ (ebd., S. 351, Hervorhebung im Original). Der Kommunikator will hierbei ausschließlich Bedeutung vermitteln, weshalb Verständigung zum alleinigen Kommunikationsziel wird (ebd., S. 186). Ein persuasiver Stil kommt zum Einsatz, um die Interessen und Ziele des Unternehmens durchzusetzen und wird vor allem eingesetzt, wenn die Kommunikationspartner nicht anwesend sind (Röttger et al., 2014, S. 124; Zerfaß, 2010, S. 351). Der Kommunikator präsentiert hier seine Behauptungen und Wertungen als Tatsachen (Zerfaß, 2010, S. 186). Dialog findet dabei nicht notwendigerweise statt (ebd.). Fraglich ist, ob Persuasion in großem Ausmaß für Startups in Frage kommt. Immerhin bietet vor allem das Web 2.0 die Möglichkeit, dialogisch zu kommunizieren und mit Argumenten zu überzeugen. Besonders für Startups, die unter Umständen auf noch nicht viele Nutzer und Kunden blicken können, ist dies wichtig. Andererseits müssen sie zunächst überzeugen, was wiederum für Persuasion sprechen würde. Hinsichtlich der Kommunikationsmaßnahmen kann innerhalb der PR auf verschiedene Möglichkeiten zurückgegriffen werden, von redaktionellen Internetangeboten oder Corporate Blogs über Social Media bis hin zu Pseudo-Events oder klassischen Maßnahmen der Pressearbeit (Zerfaß, 2010, S. 306-307; Zerfaß, 2014, S. 54). Da PR häufig argumentativer Natur ist, spielt persönliche Kommunikation ebenfalls eine Rolle (Zerfaß, 2014, S. 55).

Marktkommunikation im Marktumfeld

Ökonomie als sozialer Handlungsraum schließt Handlungen ein, die der Bedürfnisbefriedigung durch Produktion, Distribution oder Konsum von Gütern dienen (Zerfaß, 2010, S. 298). Unternehmen werden hier unter anderem mit Wettbewerbern, Transaktionspartnern, Konsumenten und Arbeitnehmern konfrontiert (Zerfaß, 2014, S. 49-50). Die Koordination im Markt gestaltet sich prinzipiell sprachfrei über das Steuerungsmedium Geld (Zerfaß, 2010, S. 298-299). Kommunikation kann zusätzlich eingesetzt werden, um die tauschvertragliche Handlungskoordination zu unterstützen und Transaktionspotenziale von Wettbewerbern zu beeinflussen (Zerfaß, 2010, S. 297-299; Zerfaß, 2014, S. 50). Marktkommunikation umfasst demnach die kommunikativen Handlungen, mit deren Hilfe Transaktions- und Wettbewerbsbeziehungen, also wirtschaftliche Beziehungen mit anderen Marktteilnehmern, gestaltet werden und ist primär persuasiver Natur (Zerfaß, 2010, S. 297-299). Kommunikation ist ein Mittel zum Zweck mit dem Ziel, ihre Adressaten zu einem bestimmten Verhalten, beispielsweise zum Ver- oder Einkauf von Produkten, zu veranlassen und damit Nachfrage zu erzeugen (Fuchs & Unger, 2014, S. 15, 53; Zerfaß, 2010, S. 299; Zerfaß, 2014, S. 50). Um dies zu erreichen, sind nach Zerfaß (2010) unmittelbare und indirekte Vorgehensweisen denkbar (S. 299). Erstere nehmen zum Beispiel durch Werbung wie Anzeigen oder Rundfunkwerbung direkten Einfluss auf transaktionsrelevante Situationsmerkmale, wecken so positive Kaufanreize, aktivieren also Bedürfnisse, die durch Verkaufsförderung wie Warenproben und persönlichen Verkauf verstärkt werden können (Zerfaß, 2010, S. 299; Zerfaß, 2014, S. 50). Indirekte Kommunikation bezieht sich eher auf den Aufbau eines positiven Images und wird von Zerfaß (2010) als Imagewerbung bezeichnet (S. 299). Mit Hilfe der so entstandenen Images, die an den Marktmechanismus gebunden sind, sollen Grenzen der qualitativen Produktdifferenzierung überwundern werden, wodurch sich Unternehmen von Wettbewerbern abgrenzen (Zerfaß, 2014, S. 50-51). Argumentative Vorgehensweisen sind im Marktumfeld nötig, wenn die Spielregeln des Marktes oder deren Umsetzung in Frage gestellt werden und beispielsweise mit Hilfe von Kundenforen ein Orientierungskonsens hergestellt werden muss (ebd., S. 51). In den von Zerfaß genannten Aufgaben und Zielen der Marktkommunikation finden sich die bereits angesprochenen Ziele von Transaktions- und Beziehungsmarketing wieder. Zur Zielerreichung werden themenspezifische Plattformen genutzt, die auf die facettenreiche Marktöffentlichkeit zugeschnitten sind (Zerfaß, 2010, S. 300). Es existieren also unterschiedliche Kommunikationsräume, die von episodischen Interaktionen über Präsenzveranstaltungen bis hin zu massenmedialen Formen der Werbung und des Direktmarketings reichen (ebd., S. 301).

Investorenkommunikation von Startups in Bezug auf Marktkommunikation und PR

Wie bereits erwähnt, sehen Zerfaß und Köhler (2012) Finanzkommunikation als eigenen Teilbereich der Unternehmenskommunikation, wobei sich die Autoren nicht auf Startups, sondern auf börsennotierte Unternehmen beziehen (S. 147). Bei diesen nimmt IR unter Umständen einen noch größeren Raum ein, weil sie vielfältigere Aufgaben zu erfüllen und Zielgruppen zu bedienen haben als Startups, denen es hauptsächlich um die Investorenansprache gehen dürfte. Dennoch soll das Konzept von Zerfaß (2010) als Basis herangezogen werden, um Investorenkommunikation von Startups zu ergründen. Aufgrund des Mangels an Forschung beruht dieser Abschnitt vor allem auf eigenen Überlegungen. Dabei unternehme ich den Versuch, die Kommunikation mit Kapitalgebern, wie sie für Startups relevant sein könnte, in Beziehung zu setzen mit den beiden von Zerfaß ursprünglich behandelten Bereichen der externen Unternehmenskommunikation. Neben den bereits erwähnten Business Angels und dem von Unternehmen gewährten Venture Capital können auch universitäre Gründerzentren oder politische Einrichtungen als Kapitalgeber fungieren (European Commission, 2015; Ludwig-Maximilians-Universität München, 2015). Diese Einrichtungen und Initiativen können innerhalb der verschiedenen Handlungsfelder angesiedelt werden. So befinden sich Regierungen grundsätzlich in der politisch-administrativen, universitäre Gründungszentren eher in der soziokulturellen Öffentlichkeit. In ihrer Rolle als Investoren stehen die Transaktionsbeziehungen im Fokus, da Geld und Know-how, was sich positiv auf die ökonomische Performance auswirken soll, gegen Unternehmensanteile getauscht werden. Aus diesem Grund sind Investoren in der Marktöffentlichkeit – genauer im Finanzmarkt – anzusiedeln, in dem durch Marktkommunikation Transaktions- und Wettbewerbsbeziehungen gestaltet werden sollen (Zerfaß, 2010, S. 298). Das ist bei der Gewinnung von Investoren zweifellos der Fall. Für diese Zuordnung spricht auch, dass IR laut Kirchhoff und Piwinger (2014) als finanzmarktbezogener Teil der Unternehmenskommunikation gilt, der Zielgruppen im Kapitalmarkt anspricht (S. 1080). Demnach müsste Marktkommunikation eine Rolle für die Investorenansprache spielen. Allerdings ist davon auszugehen, dass Investoren nicht nur mit dieser erreicht werden. Zwar sind sie im Markt anzusiedeln, jedoch ist es für Startups nicht nur wichtig, sie als Kapitalgeber zu gewinnen und regelmäßig zu informieren. Da sich Startups erst behaupten müssen, sollten sie Beziehungen zu Investoren aufbauen und über verschiedene Wege pflegen, um nicht nur kurzfristig finanzielle Mittel zu akquirieren, sondern die Kapitalgeber länger zu binden. Daher dürfte PR ebenfalls eine Rolle spielen, insbesondere was ein glaubwürdiges Auftreten anbelangt. Auch wenn PR nicht speziell auf Investoren zugeschnitten sein sollte, ist davon auszugehen, dass Kapitalgeber in ihren anderen Funktionen, die sie außerhalb des Marktes einnehmen, mit den Startups in Kontakt kommen. Deswegen nehmen sie, obwohl originär im Markt angesiedelt, gleichfalls wahr, was sich im gesellschaftspolitischen Umfeld abspielt. Dies macht es umso wichtiger, Beziehungen zu Investoren auch durch PR zu pflegen oder sie zumindest als eine Bezugsgruppe, die von PR erreicht wird, zu betrachten. Anzunehmen wäre, dass IR Marktkommunikation und PR betrifft und entweder in die Bereiche integriert ist oder tatsächlich ein mehr oder weniger eigenständiges Feld darstellt, das in enger Verbindung mit den beiden anderen steht.

Folglich zeigen sich Verflechtungen zwischen PR und Marktkommunikation sowie Markt und gesellschaftspolitischem Umfeld. Es ist davon auszugehen, dass dies nicht nur in Bezug auf die Investorenansprache der Fall ist. Zwar geht Zerfaß (2010) von Verflechtungen zwischen den Handlungsfeldern aus, geht aber nicht weiter darauf ein, dass die gesellschaftspolitische Öffentlichkeit als Knotenpunkt neben der politisch-administrativen und soziokulturellen Öffentlichkeit auch die Marktöffentlichkeit umfasst (S. 201-202). Wird dies vorausgesetzt, ist wiederum anzunehmen, dass PR sich ebenfalls, wenn auch indirekt, auf die Marktöffentlichkeit auswirken kann und sich damit nicht so streng vom Marktumfeld trennen lässt, wie es bei Zerfaß (2010) den Anschein hat. Hierauf beziehen sich auch Balsys (2004, S. 10) und Röttger et al. (2014, S. 124-125), die die Zuordnung einzelner Kommunikationsbereiche zu konkreten Umweltsegmenten als unscharf kritisieren. Abbildung 2 gibt einen Überblick über die Handlungsfelder der externen Kommunikation und die Möglichkeiten der Ansprache. Die Abbildung basiert auf dem Verständnis von Zerfaß, wurde jedoch modifiziert und beispielsweise um Investoren als Zielgruppe ergänzt.

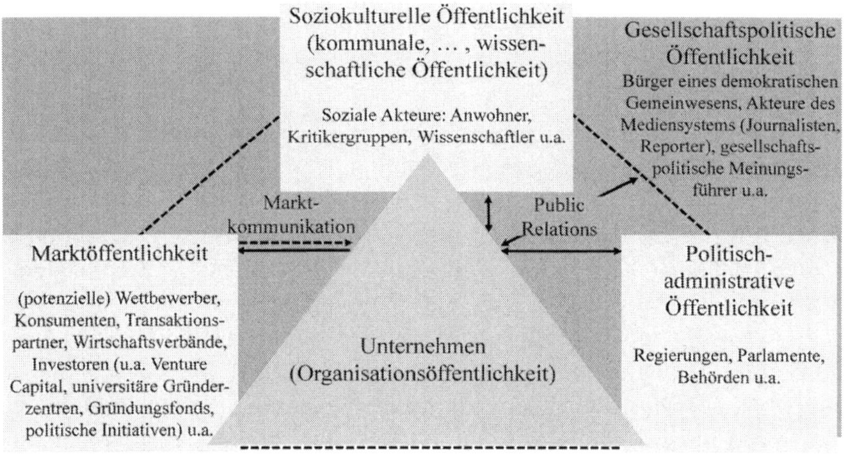

Abbildung 2: Handlungsfelder der externen Unternehmenskommunikation

Quelle: eigene Darstellung nach Zerfaß, 2010, S. 201, 289, 298, 305-306, 353; Zerfaß, 2014, S. 49-55

Integrierte Kommunikation im Konzept von Zerfaß

Eine Verbindung zwischen den Kommunikationsbereichen sieht auch die integrierte Kommunikation. Trotz ihrer Spezialisierung dürfen die Bereiche nicht den Bezug zur Gesamtstrategie verlieren (Zerfaß, 2010, S. 307-308). Werden widersprüchliche Aussagen gemacht, besteht Gefahr, dass dies aufgedeckt und der Beitrag der Kommunikation zum Unternehmenserfolg in Frage gestellt wird (ebd., S. 309). Daher plädiert Zerfaß (2010) „für eine wohlverstandene *Integration aller kommunikationspolitischen Aktivitäten*" (S. 308, Hervorhebung im Original). Es können zwei Ansatzpunkte für Integrationsbemühungen unterschieden werden (Zerfaß, 2014, S. 57): Die Ebene der Kommunikationsaktivitäten beziehungsweise -maßnahmen und der gesamte Bereich des Kommunikationsmanagements, also die Steuerung von Kommunikationsprozessen (ebd.). Bezüglich der Harmonisierung der Kommunikationsaktivitäten greift Zerfaß (2014) die Systematik von Bruhn auf (S. 57-58). So dient inhaltliche Integration dazu, Kommunikationsmittel thematisch durch Verbindungslinien wie Slogans, Kernbotschaften oder

Schlüsselbilder aufeinander abzustimmen (Bruhn, 2008a, S. 520). Die leichter zu realisierende formale Integration verbindet alle Kommunikationsinstrumente und -mittel durch Gestaltungsprinzipien so miteinander, dass ein einheitliches und leicht wiedererkennbares Erscheinungsbild entsteht (ebd., S. 521). Gestaltungsprinzipien können Unternehmens-, Markenzeichen oder Logos sein und im Rahmen einer Corporate Identity festgelegt werden (ebd.). Durch zeitliche Integration werden verschiedene Kommunikationsmaßnahmen kurz- bis mittelfristig abgestimmt (ebd.). Die von Zerfaß (2010) ergänzte dramaturgische Integration bedeutet, dass alle Kommunikationshandlungen im Hinblick auf ihre Wirkung im Kampagnenkontext abgestimmt werden (S. 413).

Integrierte Kommunikation erhöht die Effektivität und Effizienz der Kommunikation (Zerfaß, 2014, S. 56). Dies ist besonders für ressourcenschwache Unternehmen und damit auch Startups relevant und langfristig dem Unternehmenserfolg dienlich (Boenigk, 2008, S. 284). Durch integrierte Kommunikation sollen beispielsweise ein einheitliches Erscheinungsbild hergestellt, Akzeptanz gefördert und eine Abgrenzung vom Wettbewerb erzeugt werden (Bruhn, 2008a, S. 519; Röttger et al., 2014, S. 226). Es ist dennoch fraglich, ob in Startups immer bewusst integrierte Kommunikation betrieben wird. Der Ressourcenmangel legt eine mehr oder weniger unbewusste Integration nahe. So spricht laut Fischbach und Mack (2008) für den Ansatz der integrierten Kommunikation, dass PR, Marketing und Werbung in mittelständischen Unternehmen häufig Aufgabe einer Person sind (S. 68). Auf Startups ist dies ebenfalls anwendbar. Auch Zerfaß (2010) nimmt an, dass Unternehmenskommunikation in kleinen Unternehmen von einem Mitarbeiter verantwortet wird (S. 315 316).

Möglich ist, dass die laut Balsys (2004) zu enge PR-Definition von Zerfaß nicht von Startups geteilt wird oder Startups die Kommunikationsbereiche nicht bewusst unterscheiden (S. 21-22). Dennoch stellt die Theorie aufgrund ihrer Systematisierung insgesamt eine geeignete Grundlage dar, um Verständnis und Strategie von Unternehmenskommunikation in Startups zu untersuchen. Darüber hinaus kann ergründet werden, ob PR der Marktkommunikation gleichgestellt ist, ob ihnen also die gleiche Relevanz zukommt. Startups müssen sich ihre Stellung im Marktumfeld, in dem sich Gewinne erzielen lassen, erst erarbeiten, um zu überleben und langfristig erfolgreich zu sein. Aus diesem Grund legen sie den Fokus möglicherweise auf Marktkommunikation und vernachlässigen PR. Die verschiedenen Handlungsfelder dienen der Strukturierung des Umfeldes, wodurch unter anderem untersucht werden kann, ob verschiedene Zielgruppen angesprochen und welche

Ziele verfolgt werden. Außerdem können die unterschiedlichen Strategien der Ansprache genutzt werden.

II PR nach Grunig und Hunt

Ein weiterer Ansatz, der einbezogen werden soll, stammt von Grunig und Hunt (1984). Er gilt als Mischung aus normativen und deskriptiven Faktoren und geht auf unterschiedliche Modelle der PR ein (Voss, 2007, S. 60). Durch ihn können verschiedene mögliche Kommunikationsformen betrachtet werden, die unter Umständen auch in Startups eine Rolle spielen. PR wird breit definiert als „management of communication between an organization and its publics“ (Grunig & Hunt, 1984, S. 6). Sie gilt also als Kommunikationsmanagement (Grunig, 1992, S. 4). Als solches umfasst PR die Planung, Durchführung und Evaluation der Kommunikation einer Organisation mit ihren Bezugsgruppen (ebd.). Diese Definition, unter der auch angrenzende Kommunikationsfunktionen wie Werbung gefasst werden können, wird von Avenarius (2008) als „unspezifisch“ (S. 49) bezeichnet (Huck, 2004, S. 44). Es wird beispielsweise nicht zwischen Marketingkommunikation und PR unterschieden. Damit bleibt unberücksichtigt, dass die Kommunikation zwischen Marktpartnern nach anderen Regeln abläuft als die Kommunikation mit anderen Bezugsgruppen (Zerfaß, 2010, S. 72). Durch eine solch breite Definition ist allerdings eine umfassende Betrachtung von Kommunikation möglich, da hier nicht von vornherein Einschränkungen gemacht werden. Dies kann in Bezug auf die bisher weitgehend unerforschte Kommunikation von Startups hilfreich sein.

Vier Modelle der PR

Nach Grunig und Hunt (1984) existieren vier Modelle, die beschreiben, wie eine Organisation PR respektive Kommunikation betreibt (S. 7, 21-23). Diese sollen genauer beleuchtet werden, weil durch sie Kommunikationsbeziehungen von Organisationen zu relevanten Bezugsgruppen unterschieden werden können. Diese Einteilung erfolgt hinsichtlich der Kommunikationsrichtung (monologische Ein-Weg-Kommunikation oder dialogische Zwei-Wege-Kommunikation) und in Bezug auf die intendierte Wirkung (ausgewogene symmetrische oder unausgewogene asymmetrische Kommunikation) (Grunig & Grunig, 1992, S. 289; Röttger et al., 2014, S. 44). Die Modelle zeigen außerdem, welche Werte, Ziele und Verhaltensweisen

Unternehmen in Bezug auf PR berücksichtigen (Grunig, Grunig, Sriramesh, Huang & Lyra, 1995, S. 169). Daher bieten sie sich für die Analyse der Kommunikation von Startups an, um ein grundlegendes Verständnis erarbeiten zu können.

Das erste Modell ist das Publicity-Modell. Sein Zweck kann als propagandistisch bezeichnet werden (Signitzer, 2013, S. 102). Es ist auf Ein-Weg-Kommunikation ausgerichtet, wobei das Erzielen von Aufmerksamkeit und Publizität für die eigene Organisation im Mittelpunkt steht (Grunig, 1992, S. 18; Röttger et al., 2014, S. 44). Um Aufmerksamkeit zu generieren, wird oft die Verbreitung halbwahrer, unvollständiger oder verzerrter Informationen in Kauf genommen (Grunig & Hunt, 1984, S. 21; Mast, 2013, S. 28). Für das Unternehmen vorteilhafte Informationen werden betont (Grunig & Grunig, 2008, S. 337). Der Wahrheitsgehalt ist also weniger wichtig (Röttger et al., 2014, S. 44-45). Eingesetzt wird das Publicity-Modell vor allem, wenn kurzfristige Ziele erreicht werden müssen (Voss, 2007, S. 58-59). So können Sponsoring- oder Verkaufsförderungsaktivitäten unterstützt werden (Pflaum & Linxweiler, 1998, S. 23). Augenscheinlich nimmt PR in diesem Modell weniger ambitionierte Aufgaben wahr, weshalb Parallelen zu marketingtheoretischen Ansätzen sichtbar werden. Auch laut Hutton (1996) ist das Publicity-Modell eng mit dem Marketing verknüpft (S. 157). Da Startups zunächst Aufmerksamkeit erlangen müssen, um sich auf Dauer erfolgreich etablieren zu können, ist zu vermuten, dass dieses Modell eine Rolle in der Kommunikation von Startups spielt.

Im ebenfalls auf Ein-Weg-Kommunikation beruhenden Informationstätigkeitsmodell fungiert der PR-Praktiker als „journalist in residence“ (Grunig & Hunt, 1984, S. 22), der objektiv korrekte Informationen über die Organisation vermittelt (Grunig & Hunt, 1984, S. 22; Signitzer, 2013, S. 102). Damit sollen ein umfassendes Bild der Organisation präsentiert und Bezugsgruppen genau informiert werden (Grunig & Hunt, 1984, S. 21-23). Während Feedback wie im Publicity-Modell auch hier nicht relevant ist, gilt die Wahrheit dagegen als essenziell (Röttger et al., 2014, S. 45). Dennoch werden Informationen, die für das Unternehmen negativ sind, nicht bereitwillig herausgegeben (Grunig et al., 1995, S. 169). PR scheint sich hier zu emanzipieren und sich laut Hutton (1996) vom Marketing zu entfernen (S. 157). Auch dieses Modell könnte eine Rolle spielen, wenn Startups zunächst informieren wollen, was aufgrund ihres innovativen Charakters von Bedeutung sein kann.

In den Zwei-Wege-Modellen wird dagegen mit der Umwelt interagiert (Grunig & Hunt, 1984, S. 93). Hier kommt eher proaktives Vorgehen zur

Anwendung, bei dem Organisationen mit ihrer Umwelt im Austausch stehen und versuchen, Probleme zu antizipieren (ebd., S. 95). Dabei werden im asymmetrischen Modell Interessen der Organisation betont, während Interessen der Bezugsgruppen kaum eine Rolle spielen (Grunig & Grunig, 2008, S. 337). Kommunikation soll Meinungen und Verhalten in der Öffentlichkeit beeinflussen und Unterstützung generieren, damit die Organisation ihre Ziele erreicht, ohne sich selbst zu ändern (Grunig & Hunt, 1984, S. 22-23). Sie geht dabei nicht ausschließlich vom Sender aus, sondern bezieht Feedback mit ein (ebd., S. 22). Das so erlangte Wissen wird in erster Linie dazu verwendet, herauszufinden, mit welchen Argumenten Zielgruppen vom Handeln des eigenen Unternehmens überzeugt und im Sinne des Standpunktes der Organisation beeinflusst werden können (Grunig & Hunt, 1984, S. 22; Voss, 2007, S. 59). Grunig et al. (1995) bezeichnen diese Form der zweiseitigen Kommunikation daher als manipulativ (S. 169). Für Start-ups könnte eine solche Beeinflussung der Zielgruppen relevant sein, um sich zu etablieren. Das Modell nähert sich laut Hutton (1996) wieder einer Marketingperspektive an (S. 157).

Im symmetrischen Zwei-Wege-Modell entfernt sich PR vom Marketing und distanziert sich von der unidirektionalen und persuasiven Marketingkommunikation (Hutton, 1996, S. 157-158; Süss et al., 2011, S. 33). Hier fungieren PR-Schaffende als Mediatoren zwischen der Organisation und der Öffentlichkeit, denn es soll gegenseitiges Verständnis erzeugt werden (Grunig & Hunt, 1984, S. 22; Grunig & Grunig, 1992, S. 289; Röttger et al., 2014, S. 45). Das Modell wird genutzt, um bessere langfristige Beziehungen aufzubauen und Konflikte zu lösen (Grunig & Grunig, 2008, S. 337). Kommunikation ist hier ein Dialog, in dem die Beteiligten gleichberechtigt sind (Grunig & Hunt, 1984, S. 23; Röttger et al., 2014, S. 45). Das Resultat bleibt dabei offen, da die Wirkungen des Verständigungsprozesses beidseitig sind und als wechselseitig vorteilhaft beschrieben werden können (Grunig & Hunt, 1984, S. 23; Röttger et al., 2014, S. 45; Signitzer, 2013, S. 103). So können sich Einstellungen und Verhalten bei den Bezugsgruppen, aber auch der Standpunkt der Organisation ändern (Grunig & Hunt, 1984, S. 23; Röttger et al., 2014, S. 45). Das symmetrische Modell setzt oft interpersonale Kommunikation voraus und eine gewisse Abkehr von massenmedialer Kommunikation (Zerfaß, 2010, S. 67). Zu vermuten ist, dass Start-ups interpersonal kommunizieren, um Zielgruppen von sich zu überzeugen, was für dieses Modell sprechen würde. Das symmetrische Modell führen laut Grunig (1989) wenige Organisationen aus, da dieses nicht mit ihrem Verständnis von PR korreliert und PR-Praktikern oft die Expertise zur Umsetzung des Modells fehlt (S. 31). Außerdem dürfte dieses in der Umsetzung aufwändiger sein. Dagegen wird das Publicity-Modell am häufigsten praktiziert (Grunig & Grunig, 1992, S. 305). Die Ausprägung der Kommunikationsarbeit hängt also nicht nur mit Vorgaben durch das Unternehmen, sondern auch mit der Expertise der Kommunikationsverantwortlichen zusammen. Es ist davon auszugehen, dass Unternehmen, die PR als bedeutendes und wirkungsvolles Instrument einschätzen und erfahrene Kommunikationsexperten beschäftigen, eher zu den weiter entwickelten Modellen tendieren. Es kann allerdings nicht davon ausgegangen werden, dass sich Unternehmen für eines der Modelle entscheiden (Mast, 2013, S. 29).

Kritisch anzumerken ist, dass die Komplexität praktischer Entscheidungen und die Dynamik bestimmter Ereignisse dazu führen, dass Unternehmenskommunikation selten in strukturierten Situationen arbeitet (Zerfaß, 2010, S. 71). Dynamik ist aber gerade für Startups relevant. Des Weiteren erfüllen die Modelle nicht den Anspruch einer vollständigen Theorie und werden als zu simpel und deskriptiv kritisiert (Fischer, 2006, S. 108; Voss, 2007, S. 60). Für den Zweck vorliegender Untersuchung sind sie dennoch dienlich, da sie als idealtypische Verstehens- und Rekonstruktionshilfe tatsächlicher PR-Aktivitäten dienen (Bentele, 2013, S. 217). Das Konzept ist in erster Linie ein beschreibendes Hilfsmittel zur Kategorisierung von PR, was für vorliegende Untersuchung von Nutzen ist (Voss, 2007, S. 60).

Bezugsgruppen der PR nach Grunig und Hunt

Bezugsgruppen können erste Hinweise zur angewandten PR-Strategie und zum Verständnis von PR geben, weshalb das Concept of Linkages von Grunig und Hunt (1984) beleuchtet wird. Eine Segmentierung ermöglicht es, die relevanten Anspruchsgruppen zu identifizieren und möglichst individuelle Kommunikationsangebote bereitzustellen (Röttger et al., 2014, S. 103). Das Konzept basiert auf Esman (1972), der durch dieses den Aufbau neuer Organisationen in Entwicklungsländern unterstützen wollte (Grunig & Hunt, 1984, S. 140). Grunig und Hunt (1984) machen es auch für etablierte Organisationen nutzbar (S. 140). Aufgrund dieser Verbindung ist das Konzept attraktiv für die Untersuchung von Startups, da diese sich im Aufbau befinden, aber dennoch wegen ihres Wachstumsstrebens erfolgreiche Unternehmen sein können. Mögliche Verlinkungen zwischen Unternehmen und ihren Bezugsgruppen (Abbildung 3) werden im Folgenden aufgezeigt, wobei auf eine Übersetzung der Fachtermini verzichtet wird, um deren Bedeutung nicht zu verfälschen.

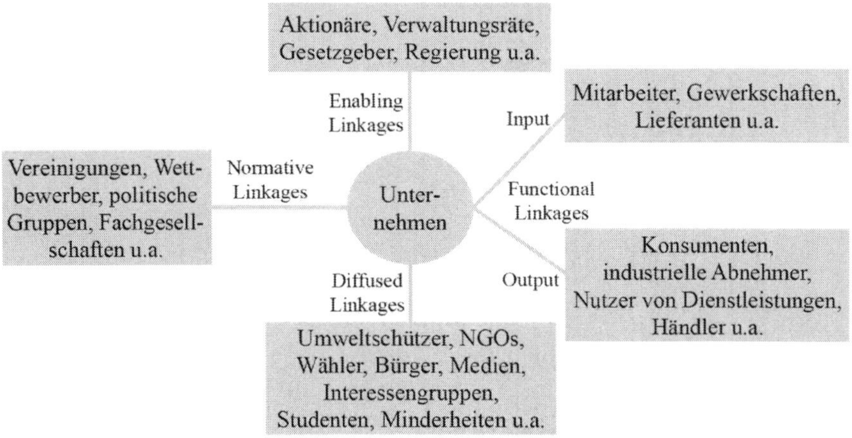

Abbildung 3: Verbindungen eines Unternehmens zu seinen Bezugsgruppen

Quelle: eigene Darstellung nach Grunig & Hunt, 1984, S. 141; Röttger et al., 2014, S. 103

So bestehen *enabling Linkages* mit Organisationen und gesellschaftlichen Gruppen, die Einfluss und Kontrolle auf die Ressourcen ausüben, die dem Unternehmen ermöglichen zu existieren (Grunig & Hunt, 1984, S. 140-141; Röttger et al., 2014, S. 102). *Functional Linkages* sind Verbindungen zu Organisationen oder Anspruchsgruppen, die für die Aufrechterhaltung und Funktionsfähigkeit der Organisation essenziell sind (Röttger et al., 2014, S. 102). Dabei schließen Input-Verbindungen Beziehungen zu Anspruchsgruppen ein, die Beiträge in die Organisation einbringen können, während über Output-Verbindungen auf Erzeugnisse der Organisation zurückgegriffen wird (Grunig & Hunt, 1984, S. 141; Röttger et al., 2014, S. 102). Es ist zu vermuten, dass *functional Linkages* und *enabling Linkages* für Startups besonders relevant sind, da diese das Überleben des Unternehmens direkt beeinflussen. *Normative Linkages* bestehen zu Unternehmen, die ähnlichen Herausforderungen gegenüberstehen oder ähnliche Werte teilen (Grunig & Hunt, 1984, S. 142). Dagegen bilden sich *diffused Linkages* mit Gruppen, die nicht klar identifiziert werden und sich immer wieder neu zusammensetzen können (Grunig & Hunt, 1984, S. 142; Röttger et al., 2014, S. 102). Diese Verbindungen bestehen nicht dauerhaft oder nur durch bestimmtes Organisationshandeln, weshalb sie am schwersten auszumachen sind (Röttger et al., 2014, S. 102). Alle Beziehungskonstellationen können sich im Zeitverlauf ändern (ebd., S. 101).

4 Konkretisierung des Erkenntnisinteresses

Startups stellen aufgrund verschiedener Merkmale (vgl. Kapitel 2.A bis 2.C) eine besondere Unternehmensform dar, die in der Forschung bisher kaum Beachtung gefunden hat. Die übergeordnete Intention der vorliegenden Untersuchung ist es daher, einen Überblick über die externe Unternehmenskommunikation von Startups zu erhalten. In diesem Zusammenhang soll ergründet werden, welches Verständnis von Unternehmenskommunikation in Startups herrscht und welche Kommunikationsstrategie sie verfolgen. Dabei soll ausdrücklich nicht versucht werden, beides in ein bestimmtes theoretisches Konzept zu pressen oder einzelne Maßnahmen den verschiedenen Teildisziplinen zuzuordnen. Schon die Theorie zeigt, dass dies nicht möglich ist (vgl. Kapitel 3.B, Tabelle 3). Wie in Kapitel 3.A festgelegt, wird Unternehmenskommunikation in der Definition weit gefasst, sodass unterschiedlichen Verständnissen aus Theorie und Praxis Rechnung getragen wird. Es existiert, wie die vorangegangenen Kapitel zeigen, nicht das eine Verständnis von Unternehmenskommunikation. Die Darstellung der theoretischen Grundlagen hat gezeigt, dass sie verschiedene Teilbereiche umfassen kann, denen wiederum innerhalb der jeweiligen theoretischen Ansätze unterschiedliche Relevanz zukommt. Besonders deutlich wird dies, wenn PR als möglicher Teilbereich der Unternehmenskommunikation betrachtet wird. Die zugrunde liegende Sichtweise kann, wie in den Kapiteln 3.C und 3.D ausgeführt, grundsätzlich entweder betriebswirtschaftlich beziehungsweise marketingorientiert oder kommunikationswissenschaftlich sein. Um zu ergründen wie Startups Kommunikationsarbeit betreiben, lohnt sich auch ein Blick auf ihre Kommunikationsstrategie. Da zu Unternehmenskommunikation in Startups bisher keine Ergebnisse vorliegen, wird möglichst offen an die jeweilige Fragestellung herangegangen.

Das Kommunikationsverständnis wird beeinflusst von verschiedenen Faktoren wie der Kommunikationsweise, dem Verhältnis, in dem die möglichen Teilbereiche der Unternehmenskommunikation zueinander stehen können, aber auch der Relevanz, die der Unternehmenskommunikation und eben jenen Teilbereichen zukommt. Wie in Kapitel 2.D erwähnt, sehen nach Zerfaß et al. (2015) circa 60 Prozent der Mittelständler Kommunikation als einen dialogischen Austauschprozess, wobei dies in Unternehmen mit wenigen Mitarbeitern besonders häufig der Fall ist (S. 20, 22). Dialogische Kommunikation müsste demnach in Startups sehr ausgeprägt sein. Dies kann jedoch nicht einfach angenommen werden, weil die Kommunikationsweise in Startups nicht zwangsläufig der des Mittelstandes ähneln muss. Im Gegenteil, die verschiedenen theoretischen Verständnisse, die in den vorangegangenen Kapiteln dargestellt wurden, ergeben eine Vielzahl von Optionen, wie Startups kommunizieren könnten. Im Transaktionsmarketing findet beispielsweise vor allem Push-Kommunikation Anwendung, während im Relationship Marketing vermehrt auf Pull-Kommunikation gesetzt wird (vgl. Kapitel 3.C). Zerfaß (2010) geht gar darauf ein, dass Unterschiede bezüglich der Kommunikationsweise zwischen Marktumfeld und gesellschaftspolitischem Umfeld herrschen (vgl. Kapitel 3.D.I). Demnach existieren unterschiedliche Strategien der Ansprache für Zielgruppen, also unterschiedliche Kommunikationsweisen. Dies zeigt sich auch anhand der vier Modelle von Grunig und Hunt (1984), die zwischen Ein-Weg- und Zwei-Wege-Kommunikation unterscheiden (vgl. Kapitel 3.D.II). Um der Frage nach dem Kommunikationsverständnis auf den Grund gehen zu können, ist es demnach ebenfalls lohnenswert, herauszufinden, wie Startups kommunizieren, welche Kommunikationsweise sie also anwenden.

Darüber hinaus sollte das Verhältnis der möglichen Teilbereiche zueinander geklärt werden. Die Abgrenzung zwischen PR und Nachbardisziplinen ist sowohl in der Theorie als auch in der Praxis nicht immer eindeutig möglich, wie in Kapitel 3.B beschrieben. Möglicherweise geringes Kommunikationswissen, Mangel an Ressourcen oder geringe Ambitionen, ausgereifte Kommunikationsarbeit zu betreiben, könnten dieses Problem in Startups verschärfen. Generell steht also die Frage im Raum, ob Startups einen Unterschied zwischen PR und Marketingkommunikation sehen und wenn ja, in welchem Verhältnis die Gebiete zueinander stehen. So müssen die Teilbereiche der Unternehmenskommunikation nicht immer völlig getrennt sein, wie beispielsweise Zerfaß (2010) dies in seinem Konzept durch die Trennung von PR und Marktkommunikation vorgibt. Unter Umständen kann eine Funktion nach dem in Kapitel 3.B vorgestellten Modell, das die Ansätze von Hallahan (1992) und Kotler und Mindak (1978) vereint, besonders in kleinen Unternehmen gar ganz verschwinden. Auch kann ein widersprüchliches Verhältnis zwischen den Bereichen herrschen. Möglich ist außerdem, dass Ressourcen geteilt werden, was speziell bei Mangel selbiger vorteilhaft wäre. Dies würde auf koordinierte Funktionen hindeuten. Dieses Verhältnis aufzuklären, kann dazu beitragen, auch dem Kommunikationsverständnis auf den Grund zu kommen und gleichzeitig PR und Marketingkommunikation praktisch und theoretisch voneinander abzugrenzen.

Lohnenswert erscheint zudem die Betrachtung der Kommunikation mit Investoren, da davon auszugehen ist, dass diese als besonderes Aufgabengebiet für Startups gilt. Sie dürfte auch deshalb nicht unerheblich sein, weil letztlich häufig von dem Kapital der Investoren das Überleben des Unternehmens abhängt. Außerdem ist IR nicht nur in Bezug auf Startups, sondern generell bisher nicht hinreichend theoretisch und empirisch fundiert. Deshalb wird dieser Aspekt eigenständig behandelt werden. So ist zu ergründen, welche Rolle der Investorenkommunikation zukommt, also wie sie umgesetzt wird, in welchem Bezug sie zu Marketingkommunikation und PR steht und welchen Stellenwert sie hat. Auch Unternehmenskommunikation an sich und ihren möglichen Kommunikationsbereichen kommt nicht immer die gleiche Relevanz zu, was schon anhand der verschiedenen möglichen Verhältnisse (vgl. Kapitel 3.B) und in den weiteren Theoriekapiteln deutlich wurde. So spräche eine marketingorientierte Sichtweise dafür, dass Unternehmenskommunikation ein Instrument neben weiteren darstellt und PR als untergeordnete Maßnahme im Marketing verstanden wird (vgl. Kapitel 3.C). Wie hoch die Relevanz von PR ist, hängt dann wiederum davon ab, ob eine transaktions- oder beziehungsbezogene Sichtweise des Marketings zugrunde liegt. Dagegen schreiben kommunikationswissenschaftliche Ansätze der Unternehmenskommunikation und PR, die als eigenständige Kommunikationsfunktion betrachtet wird, eine größere Bedeutung zu (vgl. Kapitel 3.D). Hier existieren wiederum unterschiedliche Betrachtungsweisen. Während Grunig und Hunt (1984) die in Kapitel 3.D.II beschriebene breite Definition von PR als Kommunikationsmanagement zugrunde legen und PR damit die gesamte Kommunikation umfasst, teilt Zerfaß (2010) Kommunikation in Marktkommunikation und PR auf und sieht beide als gleich bedeutsam an (vgl. Kapitel 3.D.I). Kapitel 2.D gibt bereits Hinweise darauf, dass Kommunikation in mittelständischen Unternehmen eine hohe Bedeutung hat (Fischbach & Mack, 2008, S. 119). Fraglich ist nun, wie dies in Startups gesehen wird und welche Relevanz der Unternehmenskommunikation und möglichen Teilbereichen generell zukommt. Demnach ergeben sich folgende Forschungsfragen:

F1: Welches Verständnis von externer Unternehmenskommunikation und ihren möglichen Teilbereichen herrscht in Startups vor?
F1.1: Existiert eine idealtypische Kommunikationsweise in Startups und wenn ja, welche?
F1.2: In welchem Verhältnis stehen PR und ihre Nachbardisziplinen in Startups?
F1.3: Welche Rolle spielt IR als möglicher Teilbereich von Unternehmenskommunikation für Startups und welchen Stellenwert hat sie?

F1.4: Welche Relevanz kommt externer Unternehmenskommunikation und ihren möglichen Teilbereichen in Startups zu?

Es ist anzunehmen, dass das zugrunde liegende Verständnis von Unternehmenskommunikation mit der angewandten Kommunikationsstrategie in Verbindung steht. Diese wiederum bezieht sich darauf, wie Startups ihre Kommunikation umsetzen sowie welche Ziele und Zielgruppen sie erreichen wollen.

Innerhalb des Transaktionsmarketings, Relationship Marketings und der kommunikationswissenschaftlichen Ansätze ergeben sich unterschiedliche Schwerpunkte und damit Kommunikationsstrategien, die verfolgt werden können. Dies wird schon anhand der möglichen Ziele ersichtlich, die mit Unternehmenskommunikation innerhalb der verschiedenen Ansätze verfolgt werden. Kommunikation gilt im Transaktionsmarketing als Instrument mit verkaufsunterstützender Wirkung zur Erreichung ökonomischer Ziele (vgl. Kapitel 3.C). Im Relationship Marketing sollen Beziehungen aufgebaut werden, vor allem zu Kunden. Dies dient letztlich auch einem ökonomischen Zweck (vgl. Kapitel 3.C). Zerfaß (2010) geht differenzierter vor: Er teilt das externe Umfeld in ein Markt- und ein gesellschaftspolitisches Umfeld, in denen durch unterschiedliche Kommunikation verschiedene Absichten realisiert werden sollen (vgl. Kapitel 3.D.I). Bei Grunig und Hunt (1984) kristallisieren sich ebenfalls innerhalb der verschiedenen Modelle jeweils unterschiedliche Kommunikationsziele heraus (vgl. Kapitel 3.D.II). Insgesamt sind die Ziele in kommunikationswissenschaftlichen Ansätzen differenzierter. Letztlich ist aber davon auszugehen, dass auch diese verfolgt werden, um ökonomische Absichten durchzusetzen. Eine Untersuchung der Ziele unter Berücksichtigung der verschiedenen Ansätze liefert Anhaltspunkte für die zugrunde liegende strategische Ausrichtung. Da die Ziele von Startups bisher noch nicht detailliert untersucht wurden, soll dies hier getan werden.

Werden die Ziele erforscht, stellt sich unweigerlich die Frage nach den Zielgruppen. Als solche gelten im Transaktionsmarketing vor allem Kunden. Im Relationship Marketing sind zusätzlich andere Bezugsgruppen relevant, die wiederum die Beziehungen zu Kunden beeinflussen können (vgl. Kapitel 3.C). Eher kommunikationswissenschaftlich geprägte Konzepte legen sich nicht ausschließlich auf Kunden als Zielgruppe fest. So spielen hier vermehrt auch Medien oder andere gesellschaftliche Anspruchsgruppen eine Rolle. Demnach werden von Zerfaß (2010) weitere Zielgruppen erfasst, wobei diese dem Marktumfeld und dem gesellschaftspolitischen Umfeld zugeordnet werden (vgl. Kapitel 3.D.I). Fraglich ist, ob diese Bereiche von Startups getrennt behandelt und entsprechend bearbeitet werden. Auch im Ansatz von Grunig und Hunt (1984) spielen Zielgruppen der Kommunikation eine Rolle. Anders als Zerfaß (2010) gehen sie aber davon aus, dass Zielgruppen durch unterschiedliche Verbindungen und Einflüsse, die sie auf ein Unternehmen haben beziehungsweise die das Unternehmen auf sie hat, eingeteilt werden können (vgl. Kapitel 3.D.II). Welche Zielgruppen von Startups angesprochen werden, wurde bisher nicht erforscht.

In Bezug auf die Strategie von Startups stellt sich zudem die Frage, ob Unternehmenskommunikation einer strategischen Planung unterliegt. Zwar wird in Kapitel 3.A angenommen, dass es sich bei Unternehmenskommunikation um strategische Kommunikation handelt. Jedoch wird der Begriff des Strategischen hier nicht im Sinne eines systematischen Planungsprozesses verstanden, der innerhalb aller betrachteten Ansätze eine Rolle spielt. Ob Startups eine strategische Planung betreiben, gilt es zu ergründen. In diesem Zusammenhang sollte einer möglichen Abstimmung der Kommunikationsinstrumente Aufmerksamkeit gewidmet werden. Eine solche wäre ein erstes Indiz dafür, dass sich Startups der Bedeutung von Kommunikation bewusst sind und diese systematisch planen und umsetzen. Integrierte Kommunikation muss dennoch nicht zwingend bewusst geschehen. Unter Umständen übt eine Person verschiedene Kommunikationsaufgaben aus unterschiedlichen Bereichen wie PR, Marketing oder Werbung aus (vgl. Kapitel 3.D.I). In Startups dürfte diese Rolle insbesondere dem Geschäftsführer zufallen. Im Mittelstand ist dies zuweilen der Fall (vgl. Kapitel 2.D). Da allerdings weder das strategische Vorgehen noch eine mögliche Abstimmung der Kommunikation bisher empirisch untersucht wurden, soll auch dies hier geschehen. Aus den vorangegangenen Überlegungen ergeben sich die folgenden Forschungsfragen:

F2: Welche Kommunikationsstrategie verfolgen Startups in der externen Unternehmenskommunikation?
F2.1: Welche Ziele verfolgen Startups mit ihrer externen Unternehmenskommunikation?
F2.2: Welche Zielgruppen sprechen Startups mit ihrer externen Unternehmenskommunikation an?
F2.3: Folgt die externe Kommunikation einer strategischen Planung im Sinne eines Prozesses und welche Gründe werden angeführt, wenn dies der Fall ist beziehungsweise, wenn dies nicht der Fall ist?
F2.4: Auf welche Weise findet eine Abstimmung der externen Kommunikation im Sinne der integrierten Kommunikation statt, sofern eine solche vorgenommen wird?

Nachdem schon die Studien, die sich auf den Mittelstand beziehen, feststellen, dass die Personalstruktur Einfluss auf das Kommunikationsverständnis haben kann, dürfte dies auch für Startups gelten. So kann die Expertise der Person, die die Kommunikation verantwortet – oft der Geschäftsführer – das Kommunikationsverständnis und die Strategie beeinflussen, wie beispielsweise in Kapitel 2.D erläutert wurde. Bekannt ist zudem, dass die wissenschaftliche Disziplin der Forscher eine Rolle für die Bedeutung von Unternehmenskommunikation und die Einordnung von PR spielt (vgl. Kapitel 3). Dies könnte übertragbar sein auf Mitarbeiter, speziell Kommunikationsverantwortliche von Startups. Haben die Verantwortlichen einen kommunikationswissenschaftlichen Hintergrund oder eine berufliche Vorbildung in diesem Bereich, dürfte sich dies auf die Bedeutung von Unternehmenskommunikation und ihrer Teilbereiche und auf die Kommunikationsstrategie auswirken. Abschließend stellt sich daher folgende Frage:

F3: Welche Auswirkungen ergeben sich durch die Personalstruktur in Startups für die externe Unternehmenskommunikation?

Bei der Beantwortung der Fragen sollen verschiedene Aspekte Berücksichtigung finden. Startups unterscheiden sich in Merkmalen voneinander, die sich im Zeitverlauf ändern, wie Alter und Größe (vgl. Kapitel 2.B). Außerdem durchlaufen sie verschiedene Lebensphasen, wie in Kapitel 2.C dargelegt wurde. In diesem Zusammenhang sollte generell überprüft werden, ob Verständnis und Strategie in den jeweiligen Phasen beziehungsweise bei Startups unterschiedlichen Alters und unterschiedlicher Größe anders ausfallen.

5 Methodisches Vorgehen

Aufgrund des bisherigen Mangels an empirischen Untersuchungen empfiehlt sich ein exploratives Vorgehen. Es ermöglicht Einblicke in den neuen Gegenstandsbereich (Stein, 2014, S. 136). Dabei bietet sich ein qualitatives Untersuchungsdesign an. So erhält man laut Brosius, Haas und Koschel (2012) individuelle und detaillierte Informationen, um ein „komplexes Phänomen in seiner ganzen Breite" (S. 4) darzustellen. Dadurch können Prozesse „offen, einzelfallintensiv und subjektorientiert" (Mayring, 2002, S. 63) beschrieben werden, was wiederum Raum für neue Erkenntnisse schafft. Mit Hilfe eines quantitativen Vorgehens könnten dagegen ausgesuchte Merkmale überprüft werden, sodass Komplexität reduziert wird (Brosius et al., 2012, S. 4). Neue Aspekte lassen sich hier aber nicht aufdecken. Auch die Vermutungen, die sich aus der Theorie ableiten lassen, sind nicht quantitativ überprüfbar, da die Konzepte nicht speziell für Startups entwickelt wurden. Anhand dieser Untersuchung soll daher herausgefunden werden, ob sich die Ansätze übertragen lassen oder ein neues Modell hieraus entwickelt werden kann.

A Untersuchungsinstrument

Innerhalb der qualitativen Methoden bieten sich grundsätzlich verschiedene Erhebungsinstrumente wie beispielsweise Leitfadeninterviews, Beobachtungen oder Inhaltsanalysen an (ebd., S. 5). Eine Befragung wird als geeignet identifiziert. Im Fokus der vorliegenden Untersuchung steht die Perspektive des Unternehmens beziehungsweise der Kommunikationsverantwortlichen in Startups. Nach Mayring (2002) lassen sich subjektive Bedeutungen „nur schwer aus Beobachtungen ableiten. Man muss hier die Subjekte selbst zur Sprache kommen lassen; sie selbst sind zunächst die Experten für ihre eigenen Bedeutungsgehalte" (S. 66). Eine Beobachtung wird ausgeschlossen, weil die Aspekte, die es abzufragen gilt, auf Konstrukte wie Einstellungen, Wissen, Annahmen oder Gesinnungen zurückzuführen sind, die man nicht beobachten kann. Auch eine Inhaltsanalyse kommt als Messinstrument nicht in Betracht. Denn es ist nicht davon auszugehen, dass aus schriftlichen Dokumenten, sofern diese überhaupt in Startups vorhanden sind, so detaillierte Informationen gewonnen werden können wie innerhalb einer Befragung. Diese bietet sich an, da Kommunikationsverantwortliche fundierte Einblicke geben und Aspekte zur Sprache bringen können, die über die Informationen in womöglich existierenden Dokumenten hinausgehen. Eine Befragung setzt direkt an Startups an, auf die sich das Erkenntnisinteresse fokussiert, da die Kommunikationsverantwortlichen als deren Sprecher auftreten. Im Sinne der qualitativen Untersuchung werden als halbstandardisierte Messinstrumente geltende problemzentrierte Leitfadeninterviews durchgeführt (Brosius et al., 2012, S. 102). Hier steht eine bestimmte Problemstellung im Mittelpunkt und die Befragten kommen möglichst frei zu Wort (Mayring, 2002, S. 67). Es werden lediglich Erzählanreize gegeben, sodass die Befragten ihre subjektive Deutung und Zusammenhänge offen legen können (Flick, 2012, S. 210; Mayring, 2002, S. 68). Der Leitfaden schreibt die Reihenfolge der Fragen fest und gewährleistet, dass alle forschungsrelevanten Themen berücksichtigt werden (Brosius et al., 2012, S. 102; Meyen, Löblich, Pfaff-Rüdiger & Riesmeyer, 2011, S. 91; Schnell, Hill & Esser, 2013, S. 378). Der Interviewer erhält dennoch die Möglichkeit, während der Befragung weitere Aspekte anzusprechen, sollte sich dies im Verlaufe des Gesprächs ergeben (Brosius et al., 2012, S. 102). Insgesamt bietet sich das halbstandardisierte Leitfadeninterview an, da hier in allen Befragungen die gleichen Informationen erhoben werden, was eine Vergleichbarkeit ermöglicht, wobei dennoch eine größtmögliche Offenheit und Raum für Ergänzungen erhalten bleiben (Gläser & Laudel, 2010, S. 150; Liebold & Trinczek, 2009, S. 37). So können Einblicke in die Relevanzstrukturen und Erfahrungshintergründe der Befragten gewonnen werden (Schnell et al., 2013, S. 378).

Basierend auf dem Vorgehen von Mayring (2002) erfolgt die Analyse des Problems, woraufhin der Interviewleitfaden erstellt wird, der „die einzelnen Thematiken des Gesprächs in einer vernünftigen Reihenfolge und jeweils Formulierungsvorschläge" (S. 69) enthält. Der hier verwendete Leitfaden ist in verschiedene Themenkomplexe gegliedert und umfasst insgesamt 22 Hauptfragen, teilweise mit Unterfragen und Eventualfragen (Schnell et al., 2013, S. 379). Diese können je nach Interviewverlauf relevant werden, während Schlüsselfragen zwingend beantwortet werden müssen (ebd.). Die Fragen sind entsprechend in der Intervieweranweisung und anhand der Zuordnung der Prioritäten *hoch*, *mittel* und *niedrig* gekennzeichnet. So kann der Leitfaden, wenn nötig, in seiner Dauer variiert werden. Auch ad-hoc-Fragen können gestellt werden, sollten diese notwendig sein (Mayring, 2002, S. 70). Aufgrund der Verknüpfung von Standardisierung und Flexibilität des Untersuchungsinstruments ist davon auszugehen, dass dieses eine hohe Reliabilität aufweist (Brosius et al., 2012, S. 48). Dies ist allerdings abhängig von Zeit, Interesse und möglichen Lerneffekten oder Meinungsänderungen des jeweiligen Interviewpartners und daher nur schwer zu überprüfen. Da der Leitfaden relativ offen gestaltet ist, kann flexibel reagiert werden, was zur Validität des Instruments beiträgt, da es „tatsächlich das misst, was es messen soll" (ebd., S. 53).

Der Leitfaden ist gegliedert in fünf Themenblöcke. Themenblock eins bezieht sich auf allgemeine Fragen zum Unternehmen. Hier stellt sich eine Besonderheit dar, denn dieser Komplex wird schon vor dem eigentlichen Interview per E-Mail beantwortet. So kann zum einen sichergestellt werden, dass das Unternehmen die für die Untersuchung entscheidenden Kriterien aufweist, auf die in Kapitel 5.B eingegangen wird. Zum anderen kann sofort festgestellt werden, ob weitere Startups in die Stichprobe aufgenommen werden müssen, um eine angemessene Verteilung hinsichtlich dieser Kriterien zu gewährleisten. Fragen zum Kommunikationsverantwortlichen selbst bilden den zweiten Themenblock. Hier wird neben dem akademischen und beruflichen Werdegang des Interviewpartners auch geklärt, ob weitere Kollegen für die Kommunikation verantwortlich sind. Der dritte Fragenkomplex schließt sich mit der Sichtweise auf Kommunikation und ihrer Relevanz für das Unternehmen an. Hier soll herausgefunden werden, welche Kommunikationsinstrumente zum Einsatz kommen und welche Bedeutung Kommunikation im Allgemeinen im Unternehmen hat. Dies wird unter anderem über die für Kommunikationsaufgaben aufgewendete Zeit und das vorhandene Budget operationalisiert. Themenblock vier enthält Fragen zum Verständnis von Unternehmenskommunikation, PR und Marketingkommunikation sowie dem Verhältnis der Kommunikationsbereiche zueinander. Um die Frage verständlicher und den Leitfaden interessant zu gestalten, wird hier eine Abbildung verschiedener Möglichkeiten der Verhältnisse der Bereiche vorgelegt, aus denen die Befragten auswählen. Damit stellt dieser Komplex einen zentralen Teil des Leitfadens dar, um die Forschungsfragen beantworten zu können. Abgeschlossen wird die Untersuchung mit Fragen zur Kommunikationsstrategie (Themenblock fünf). Hier werden zunächst die Ziele abgefragt, die durch Kommunikation erreicht werden sollen, bevor auf die Zielgruppen eingegangen wird. Außerdem werden Erkenntnisse bezüglich der Gestaltung der Kommunikation gesammelt. Hierfür werden den Interviewpartnern Aussagen vorgelegt, die anhand einer fünfstufigen Likert-Skala zu beantworten sind (ebd., S. 47). Dies soll die Beantwortung erleichtern und Abwechslung in der Befragung garantieren. Der Leitfaden ist auf eine Dauer von circa 45 Minuten ausgerichtet. Es ist davon auszugehen, dass die Gesprächspartner sich für ein längeres Interview nicht bereit erklären würden. Tiefer wird auf die einzelnen Fragen und weitere Details des Leitfadens an dieser Stelle nicht eingegangen, da dieser sich im Online-Anhang (Abschnitt B) befindet.

Nach der Empfehlung von Mayring (2002) wurde eine Woche vor Beginn der Feldphase ein Probeinterview als Pretest geführt (S. 69). Hierfür wurde eine Person rekrutiert, die ihr Unternehmen als Startup bezeichnet. Nach der hier zugrunde liegenden Definition gilt es allerdings nicht als solches, da es sich um ein sieben Jahre altes Unternehmen handelt. Mit Hilfe des Pretests wurde festgestellt, dass die angestrebte Interviewdauer eingehalten wird. Zudem konnten letzte Anpassungen im Leitfaden vorgenommen werden. Es wurde beschlossen, den Themenkomplex, der sich mit den Kommunikationsverantwortlichen befasst, am Anfang des Interviews zu behandeln, weil diese Fragen als leicht zu beantworten gelten. Das wirkt sich positiv auf die Motivation der Interviewpartner aus.

B Beschreibung der Stichprobe

Alle in Deutschland ansässigen Startups bilden die Grundgesamtheit, wobei sie nicht genau definiert werden kann. Dies ist dem dynamischen Umfeld und der Tatsache, dass kein Verzeichnis aller Startups existiert, geschuldet. Problematisch war daher die Auswahl der Befragten. So war eine Zufallsauswahl nicht sinnvoll möglich (Lamnek, 2010, S. 236). Dagegen bot sich für die Stichprobenziehung das Theoretical Sampling an. Darum wurde bei der Auswahl der Stichprobe eher gezielt und bewusst vorgegangen, indem Fälle ausgewählt wurden, die in Bezug auf das Erkenntnisinteresse geeignet erschienen (Brosius et al., 2012, S. 69; Lamnek, 2010, S. 236-237). Aufgrund dieses Vorgehens, das nicht dem Wahrscheinlichkeitsprinzip entspricht, ist die Untersuchung nicht repräsentativ, was angesichts des explorativen Charakters nicht das Ziel darstellt (Brosius et al., 2012, S. 69). Bei der Auswahl wurden bestimmte Selektionskriterien berücksichtigt. Als besonders wichtig galt die Verteilung im Unternehmenslebenszyklus, sodass einige der Elemente der Stichprobe an dessen Anfang anzusiedeln sind, während andere schon fortgeschrittenere Stufen erreicht haben. Berücksichtigt wurden daneben das Alter, sodass sowohl Verantwortliche jüngerer als auch älterer Startups befragt wurden, und die Größe, die an der Mitarbeiterzahl festgemacht wurde. Diese Kriterien wurden im ersten Block des Leitfadens abgefragt, den die Interviewpartner per E-Mail erhielten. So konnte abgeschätzt werden, ob weitere Startups in die Stichprobe aufgenommen werden sollten. Der Umsatz hätte ebenfalls berücksichtigt werden können.

Es konnte gleichwohl nicht davon ausgegangen werden, dass alle Interviewpartner hierzu Angaben machen möchten, was sich im Laufe der Befragung bestätigte. Ferner wurde keine Unterscheidung verschiedener Branchen im Voraus vorgenommen. Wegen des innovativen Charakters von Startups und sich wandelnder Branchen, konnten diese im Vorfeld nicht sinnvoll abgegrenzt werden. Dies hätte die Untersuchung außerdem eingeschränkt, wodurch womöglich wichtige Aspekte nicht aufgedeckt würden. Daher wurde dieses Kriterium zwar abgefragt, um den Tätigkeitsbereich abzustecken, jedoch nicht als Selektionskriterium festgelegt.

Für die Rekrutierung schrieb ich verschiedenen Startup-Netzwerken und dem Entrepreneurship Center der Ludwig-Maximilians-Universität München per E-Mail und bat die Verantwortlichen, mein Anliegen in ihrem Netzwerk zu verbreiten. Hierauf erhielt ich keine Antwort, sodass ich dazu überging, aus verschiedenen Verzeichnissen wie dem Unternehmensverzeichnis von *Deutsche Startups* und *Gründerszene* sowie dem Mitgliederverzeichnis des *Bundesverbandes Deutscher Startups* Unternehmen auszuwählen, die anhand der definierten Kriterien passend erschienen. Ich verfasste eine E-Mail, in der ich um ein Interview mit einem Kommunikationsverantwortlichen bat. Da erneut nicht geantwortet wurde, kontaktierte ich die Startups telefonisch, woraufhin mir ein Gründer ein Interview zusagte. Zudem wandte ich zur Rekrutierung das Schneeballverfahren an (Schnell et al., 2013, S. 292). So bat ich persönliche Kontakte, die sich im Umfeld von Startups bewegen, mir mögliche Unternehmen und Ansprechpartner zu nennen. Auf diese Weise kam ein Interview mit einer mir bekannten Person und weiteren Ansprechpartnern, die mir von verschiedenen Kontaktpersonen genannt wurden, zustande. Weitere Interviewpartner konnte ich auf Startup-Veranstaltungen rekrutieren. Hier begutachtete ich zunächst die Startups, sprach mit einigen Verantwortlichen und traf eine Auswahl anhand der Selektionskriterien. Schließlich konnten trotz der Rekrutierungsprobleme geeignete Unternehmen gefunden werden, die sich in verschiedenen Kriterien unterschieden. Als ich bei der Durchsicht der Interviews feststellte, dass sich Aussagen wiederholten und ich außerdem nur noch mögliche Interviewpartner ausfindig machen konnte, die Auswahlkriterien abdeckten, die bereits in der Stichprobe vorhanden waren, beschloss ich, die Rekrutierung abzuschließen und die Stichprobe als vollständig zu betrachten. Eine Übersicht über die Startups bietet Tabelle 5.

Unternehmen	Gründungsjahr	Anzahl Mitarbeiter	Stufe im Lebenszyklus	Branche	Beschreibung
U1	2013	5 (3 Gründer)	Wachstumsphase	E-Commerce (B2C)	Produkt-Datenbank für Fast-moving Consumer Goods: erstmalig Preisvergleich aller Online-Supermärkte über gesamten Warenkorb hinweg möglich
U2	2012	22	Wachstumsphase	E-Commerce (B2C)	Online-Marktplatz für hochwertige Secondhand-Frauenkleidung; Besonderheit: Concierge-Service wickelt Verkauf für Nutzer ab
U3	2010	15	Frühentwicklungsphase (wegen Umstellung des Geschäftsmodells von B2C auf B2B in 2014)	Finanzdienstleistung (B2B)	Innovationsführer des Gutscheins; bietet Lösung, um Sachbezüge ohne Steuern und Sozialabgaben gewinnbringend für Arbeitgeber und Arbeitnehmer einzusetzen
U4	2014	4	Frühentwicklungsphase	IT-Dienstleistung (B2B)	Innovative Online-Lösungen im HR-Bereich; Online-Tool für einfachere und exaktere Mitarbeiterverwaltung
U5	2014	7	Startup-Phase	Dienstleistung (Beratung, Entwicklung; B2B & B2C)	Entwicklung innovativer Produkte und digitaler Erfahrungswelten in Bereichen mit großem Umsatzpotenzial wie Mobile, Proximity, Internet of Things und Virtual bzw. Augmented Reality
U6	2010	100	Spät-Phase	IT-Dienstleistung (B2B)	Werbung auf Google durch Google AdWords und Suchmaschinenoptimierung für KMUs der Region
U7	2010	15-20	Wachstumsphase	Digital Health (B2C über B2B)	Unterstützung Kranker bei Umsetzung der Therapie durch App; Geschäftsmodell basierend auf Partnerschaften mit Unternehmen der Branche
U8	2013	3	Frühentwicklungsphase	Online-Kunsthandel (B2C & B2B)	Online-Verkauf und -Vermietung von Kunst; ermöglicht Vertretung und Ausstellung vieler Künstler; macht Kunst für Kunden mit geringem Budget interessant
U9	2014	4	Startup-Phase	Elektronik: Smart Home (B2C)	Produktion von Adapter, der an jedes Gerät angeschlossen, über eine App gesteuert werden kann, Nutzerverhalten erkennt und Vorschläge zum Energiesparen macht
U10	2014	1 (+ 3 Externe)	Frühentwicklungsphase	Lebensmittel (Konsumgüter; B2C über B2B)	Entwicklung und Vertrieb eines biologischen, kalorienreduzierten Getränks mit regionalen Zutaten; Vertrieb durch selektive Distribution; in dieser Form noch nicht am Markt vorhanden; ebenso innovativ: Vermarktung und Produktgestaltung

Tabelle 5: Übersicht über die Startups der Stichprobe   Quelle: eigene Darstellung

Hier wird ersichtlich, dass vier Unternehmen erst circa ein Jahr alt sind, wohingegen die beiden ältesten Startups 2010 gegründet wurden. Allerdings hat eines dieser Startups 2014 sein Geschäftsmodell umgestellt und befindet sich daher erst in der Frühentwicklungsphase. Hier sind drei weitere Unternehmen einzuordnen. Weitere zwei befinden sich in der Startup-Phase, drei in der Wachstumsphase und eines in der Spät-Phase. Die Seed-Phase konnte nicht abgedeckt werden, da Unternehmen zu diesem Zeitpunkt noch nicht offiziell gegründet sind und noch nicht als Unternehmen geführt werden.

Die Interviewpartner selbst werden in Tabelle 6 beschrieben. Ihr Durchschnittsalter liegt bei 33 Jahren, wobei der jüngste Interviewpartner zum Zeitpunkt des Interviews 25, der älteste Befragte 53 Jahre alt ist und damit einen Ausreißer darstellt. Hauptverantwortlich für die Kommunikation sind vor allem die Gründer und Geschäftsführer selbst. In drei der Unternehmen (U3, U8, U9) ist der Kommunikationsverantwortliche nicht gleichzeitig Gründer. In acht der Startups (U1, U3, U4, U5, U6, U7, U9, U10) ist nur ein interner Mitarbeiter für die Kommunikation zuständig. Dagegen verantworten in U2, in dem der Gründer alle Maßnahmen koordiniert, und U8 mehrere Mitarbeiter die Kommunikation. U3, U4 und U10 arbeiten außerdem entweder mit einer externen Agentur (U3) oder bei Bedarf mit externen Beratern zusammen (U4, U10).

Befragter	Interviewform	Position	Im Unternehmen seit	Jahrgang	Geschlecht	Werdegang (akademisch, beruflich)	Kommunikationserfahrung
B1	Face-to-Face	Gründer, Geschäftsführer	Gründung	1989	m	BWL-Studium mit Schwerpunkt Finance; Unternehmensgründung direkt nach Studium	Keine
B2	Telefonisch	Gründer, Geschäftsführer	Gründung	1989	w	BWL-Studium und International Business mit Schwerpunkt Strategie und Innovation; Business Development bei vorherigem Arbeitgeber	Keine
B3	Face-to-Face	Head of Marketing	ca. 1 Jahr	1987	w	Informationsmanagement und Unternehmenskommunikation mit den Schwerpunkten Grafikdesign, IT, Marketing und Kommunikation; 2 Jahre Tätigkeit im Marketing	Fundiert; durch Studium und berufliche Tätigkeit
B4	Face-to-Face	Gründer, Geschäftsführer	Gründung	1983	m	Informatikstudium; Tätigkeit als Unternehmensberater mit Führungsfunktion in der IT-Beratung	Keine
B5	Face-to-Face	Gründer, Geschäftsführer	Gründung	1962	m	BWL-Studium (abgebrochen); Tätigkeiten im Journalismus als Chefredakteur, Zeitschriftengründer, Unternehmensberater mit Schwerpunkt Marketing und Kommunikation in digitalen Medien u.a.	Fundiert; durch berufliche Tätigkeit
B6	Telefonisch	Gründer, Geschäftsführer	Gründung	1987	m	Studium der Wirtschaftsinformatik; erste Unternehmensgründung im Studium; Gründung des aktuellen Startups nach dem Studium	Keine
B7	Face-to-Face	Gründer, Geschäftsführer	Gründung	1980	m	Volkswirt; Masterstudium in Economics; Tätigkeit in der Strategieberatung	Keine
B8	Face-to-Face	Kurator, PR-Verantwortlicher	Juni 2013	1986	w	Studium der Philosophie und Kunstgeschichte; interdisziplinärer Master in Aisthesis historische Kunst- und Literaturdiskurse mit Philosophie, Kunst, Literatur-, Medien- und Filmwissenschaft; Praktika in Kunst- und Kommunikationsabteilung	Wenig fundiert; durch Praktikum, vereinzelt durch Studium
B9	Face-to-Face	Marketing- und PR-Verantwortlicher	April 2015	1981	m	Ausbildung zum Werbekaufmann; Studium der Medien- und Kommunikationswissenschaft; Tätigkeiten in Marketing und PR	Fundiert; durch Studium und berufliche Tätigkeit
B10	Face-to-Face	Gründer, Geschäftsführer	Gründung	1978	m	BWL-Studium mit Schwerpunkt Finance; Tätigkeit als Strategieberater und im Finanzbereich eines Konsumgüterunternehmens	Keine

Tabelle 6: Übersicht über die befragten Kommunikationsverantwortlichen — Quelle: eigene Darstellung

C Durchführung der Untersuchung

Insgesamt wurden zehn Interviews im Erhebungszeitraum zwischen 18.05.2015 und 09.06.2015 geführt, die im Schnitt 43 Minuten lang waren und zwischen 25:03 und 57:02 Minuten dauerten. Acht der Interviews konnten persönlich durchgeführt werden, während zwei aufgrund der großen Entfernung telefonisch stattfinden mussten. Dies gestaltete sich jedoch nicht problematisch. Ich sendete allen Interviewpartnern, nachdem ich ihre Zusage zum Interview erhalten hatte, ein Word-Dokument, in dem sie Angaben zum Unternehmen machen sollten. Den Befragten, die ich telefonisch interviewte, sendete ich außerdem am Tag des Interviews eine weitere Datei mit den für die Befragung benötigten Materialien, die vier verschiedene Definitionen von PR, eine Abbildung der verschiedenen möglichen Verhältnisse von PR und Marketingkommunikation und eine Tabelle mit verschiedenen Aussagen bezüglich der Kommunikationsweise enthielten. Meiner Bitte, diese für das Interview bereitzulegen, kamen die Befragten nach. Zwar konnten visuelle Signale wie Mimik oder Gestik durch das Telefon nicht wahrgenommen werden, was die Vergleichbarkeit negativ beeinflussen könnte. Die Interviewpartner machten allerdings sehr genaue Angaben und fragten nach, sofern sie etwas nicht verstanden. Hinsichtlich der Qualität und des Antwortverhaltens konnten keine Unterschiede zwischen den Telefoninterviews und den Face-to-Face-Interviews festgestellt werden. Daher kann von einer Vergleichbarkeit der Ergebnisse ausgegangen werden. Unmittelbar nach den Interviews wurden Gedächtnisprotokolle angefertigt. Die Ausgestaltung der Protokolle orientiert sich an Meyen et al. (2011), wobei Punkte abgeändert oder ergänzt wurden, die für das zu erfor schende Thema relevant waren (S. 114-115). Die Protokolle werden der Öffentlichkeit zum Schutz der Anonymität der Interviewpartner nicht zugänglich gemacht.

Auf Basis der Tonaufzeichnungen wurden vollständige, anonymisierte Transkripte angefertigt, die dem Werk nicht beigefügt werden, für den Fall, dass aus Aussagen Rückschlüsse auf die Identität der Interviewpartner gezogen werden könnten. Ein solches wörtliches Transkript bildet die Basis, um eine ausführliche interpretative Auswertung zu gewährleisten (Mayring, 2002, S. 89). Die Transkripte basieren auf den von Gläser und Laudel (2010) angewandten Transkriptionsregeln (S. 193-194). Die Interviews wurden in Standardorthographie verschriftlicht. Nichtverbale Äußerungen wurden nur transkribiert, wenn sie von Bedeutung waren (ebd., S. 194). Auch Besonderheiten wie Unterbrechungen, längeres Zögern oder unverständliche Antwortpassagen wurden vermerkt (ebd.). Anschließend erfolgte die Auswertung der Leitfadeninterviews. Diese orientiert sich an der qualitativen Inhaltsanalyse nach Mayring und Fenzl (2014) und den fünf Schritten von Schmidt (2012, S. 448-456). Es wurden auf Basis der theoretischen Erkenntnisse Kategorien gebildet, die nach wiederholter Materialdurchsicht überarbeitet und induktiv ergänzt wurden, was vor allem zu neuen Unterkategorien führte (Mayring & Fenzl, 2014, S. 550). So konnte nach wiederholter Überarbeitung ein Kategoriensystem erstellt werden, das dem Online-Anhang (Abschnitt C) beigefügt ist (ebd.). Auf dieser Basis wurde die Codierung der Transkripte vorgenommen, wobei die Zuordnung des Materials zu den jeweiligen Auswertungskategorien mit Hilfe von MAXQDA erfolgte (Schmidt, 2012, S. 452-454). Die verschiedenen Kategorien wurden festgelegt und auf die einzelnen Interviews angewendet. Die Übersichtlichkeit und Vergleichbarkeit wurde somit gewährleistet. Da auf eine quantifizierende Materialübersicht, die die Häufigkeiten der Auswertungskategorien angibt, aufgrund der geringen Anzahl an Interviews verzichtet wurde, erfolgte sofort die Interpretation, die im nachfolgenden Ergebnisteil festgehalten ist (ebd., S. 454-456). Zu beachten ist, dass die Studie keine Repräsentativität beansprucht, jedoch detaillierte Informationen aus Sicht der Entscheidungsträger liefert.

6 Ergebnisse der Untersuchung externer Unternehmenskommunikation von Startups

Um die in Kapitel 4 aufgeworfenen Forschungsfragen beantworten zu können, werden nun die Ergebnisse dargelegt. Diese folgen einer Darstellung vom Allgemeinen zum Speziellen. Daher wird zunächst auf die Kommunikationsstrategie eingegangen, die sich allgemein auf die Unternehmenskommunikation bezieht, bevor das Verständnis von Unternehmenskommunikation angesprochen wird, in das auch Erkenntnisse zu den verschiedenen Kommunikationsbereichen einfließen. Um Wiederholungen zu vermeiden, werden die Ergebnisse in den einzelnen Unterkapiteln vorgestellt und zugleich diskutiert respektive interpretiert.

A Kommunikationsstrategie von Startups

Welche Strategie hinsichtlich der Kommunikation in Startups angewandt wird, wird von verschiedenen Faktoren bestimmt, zu denen neben den Fragen nach einer geplanten, auf einem Konzept beruhenden Kommunikation und einer möglichen Abstimmung im Sinne der integrierten Kommunikation auch Ziele und Zielgruppen gehören.

I Zielgruppen der Kommunikation von Startups

Selbst wenn keine eindeutige oder exakt geplante Kommunikationsstrategie vorliegt, ist anzunehmen, dass die Verantwortlichen Überlegungen anstellen, wen und was sie mit ihrer Kommunikation erreichen wollen, weshalb nach den Zielgruppen gefragt wurde. So werden Kunden beziehungsweise Website- oder App-Nutzer von allen Befragten direkt als Zielgruppe benannt. Dabei weisen einige Interviewpartner darauf hin, dass dies eine Zielgruppe darstelle, die „ganz oben" (B4) stehe, als „primär" (B6) angesehen werde, „Zielgruppe Nummer eins" (B9) sei, von der eine „ganz klare" (B1) Vorstellung herrsche, denn „mich interessieren nur potenzielle Kunden" (B5). Einige Interviewpartner machen detailliertere Angaben zu Eigenschaften dieser Zielgruppe, die in nachfolgender Tabelle 7 dargestellt sind.

Unter-nehmen	Beschreibung der Zielgruppe der Kunden
U1	B2C: online-affine Kunden; Mitte 30; auch jüngere ab 25; v.a. Mütter und Väter
U2	B2C: Frauen zwischen 18 und 40
U3	B2B: Unternehmen, die Mitarbeiter binden und motivieren wollen; Unternehmen mit Fachkräftemangel oder hoher Fluktuation; Unternehmen, die Incentives setzen wollen
U4	B2B: Unternehmen allgemein, die HR-Tools benötigen
U5	B2B: Unternehmen, die Lösungen von U5 für ihre Firma nutzen möchten B2C: Endkunden, v.a. Gamer, die Virtual Reality nutzen möchten
U6	B2B: kleine und mittlere Unternehmen, die regional Leistungen anbieten (Handwerker, Friseure, Rechtsanwälte etc.)
U7	B2C: chronisch kranke Patienten als Nutzer der App (Ansprache über Partnerunternehmen)
U8	B2B und B2C: online-affine, kulturinteressierte Kunden
U9	B2C: technik-affine Besitzer von Smartphones; auf Lifestyle bedacht
U10	B2B: Großhändler und Gastronomen (v.a. im Premiumbereich), die Getränk verkaufen B2C: Endkonsumenten

Tabelle 7: Überblick über die Zielgruppe *Kunde* (Nutzer, Konsumenten) Quelle: eigene Darstellung

Es wird deutlich, dass Online- und Technik-Affinität eine Rolle spielen. Dies ist kaum verwunderlich, gelten Startups doch als Unternehmen, für die das Internet von großer Bedeutung ist (vgl. Kapitel 2.B). Auch wenn dies von B2 und B4 nicht erwähnt wird, dürfte bei deren Kunden ebenfalls eine gewisse Online-Affinität Voraussetzung sein, da es sich um einen Online-Marktplatz beziehungsweise ein Online-Tool handelt. Kunden von U5 sind dagegen *Gamer*, die aufgrund des innovativen Produktes – einer Brille für virtuelle Realitäten – sowohl online- als auch technik-affin sein sollten. Als weitere Zielgruppe werden Kooperationspartner genannt, die in zwei Gruppen aufgeteilt werden können. Für U7 sind diese gewissermaßen überlebensnotwendig, da mit Kooperationspartnern – Unternehmen aus der Branche – nicht nur zusammengearbeitet wird, sondern diese ferner finanzielle Mittel bereitstellen und Nutzer akquirieren. Dies führt dazu, dass Partner als Zielgruppe für das Unternehmen wichtiger sind als die Nutzer selbst. Daneben existieren Kooperationspartner, mit denen zusammengearbeitet wird, die aber einen weniger direkten und ausgeprägten Effekt auf die finanziellen Gegebenheiten haben. Während B5 Partner nicht direkt, jedoch im Verlauf des Interviews anspricht, sieht B6 diese nur „vereinzelt" (B6) als Zielgruppe, die über Branchenmedien erreicht wird. Für B1 sind Partner vor allem andere Websitebetreiber, mit deren Hilfe durch das Setzen von Links oder den Verweis auf das Unternehmen durch positive Berichte Kunden gewonnen werden. Sie gelten indessen nicht selbst als Zielgruppe der Kommunikation, sondern eher als Multiplikatoren, um Kunden zu erreichen. Journalisten werden ebenfalls genannt und von B2 und B3 sofort angesprochen. Auf Nachfrage bestätigt auch B8, dass Journalisten und Blogger „auf jeden Fall“ (B8) wichtig seien. Weitere Interviewpartner geben auf Nachfrage an, dass sie diese nicht als direkte Zielgruppen, sondern vielmehr als Multiplikatoren sehen (B5, B7, B9, B10). So wird die Zielgruppe der Multiplikatoren laut B9 nicht genau definiert, denn „jeder positive Artikel und jeder positive Multiplikator ist [...] gut“ (B9). B5, der auf die Meinungsführerfunktion verweist, erwähnt ausdrücklich, dass ausschließlich Online-Medien für ihn relevant seien. Dies kann auf das Produkt, das aktuell nur eine äußerst technik- und onlinespiele-affine Zielgruppe anspricht, die sich in bestimmten Online-Segmenten bewegt, zurückgeführt werden. In weiteren Unternehmen sind Journalisten nicht (U1) oder weniger relevant (U6, U10), da durch diese nicht direkt Kunden akquiriert werden können und sie diesbezüglich keinen Mehrwert bieten, weshalb „Pressegeschichten“ als „Nebenkriegsschauplatz“ (B6) angesehen werden und B6 nur auf Anfrage mit Journalisten kommuniziert. Allerdings wird darauf eingegangen, dass Online-Journalisten durch das Platzieren von Artikeln positiv zur Auffindbarkeit des Unternehmens über Suchmaschinen beitragen (B4). Für die meisten Startups sind also Multiplikatoren, zu denen neben Journalisten auch Blogger oder andere Meinungsführer zählen, relevant. Dabei gelten sie nicht als Endzielgruppe, was wenig überraschend ist, da die Funktion der Medien in der Verbreitung von Informationen an weitere Zielgruppen liegt. Auch Investoren gelten als Zielgruppe der Kommunikation, die vier Befragte (B3, B6, B9, B10) von sich aus erwähnen, wobei vor allem B3 und B10 Investoren als sehr wichtig ansehen. Weitere Unternehmen (B1, B2, B4, B8) sprechen erst auf Nachfrage über diese Zielgruppe, wobei B2 Kommunikation mit Investoren als „sehr, sehr wichtig“ (B2) erachtet, während B1 Investoren nicht als Kommunikationszielgruppe sieht. Lediglich für zwei Startups (U5, U7) sind Investoren nicht relevant. Dies ist bei U7 mit dem Geschäftsmodell zu erklären, da Kapital durch Kooperationen mit Partnern gewonnen wird. B5 gibt an, aufgrund genügend Eigenkapitals und einer staatlichen Förderung auf Investoren verzichten zu können und zu wollen, weil deren Gewinnerwartungen dem nachhaltigen und langfristigen Wirtschaften entgegenstehen würden. Weitere Zielgruppen werden kaum angesprochen. So gibt B8 an, „auch bettelarmes, aber kunstinteressiertes Publikum für uns und unsere Künstler als wertvoll [zu] erachten“, was „eventuell eine idealistische Herangehensweise“ (B8) sei, da diese nicht zwingend einen finanziellen oder die Reichweite betreffenden Mehrwert bieten. Für einen Befragten (B7) gelten außerdem potenzielle Bewerber als Zielgruppe, für die langfristig eine geeignete Ansprache entwickelt werden sollte. Einen Überblick über die Zielgruppen gibt Tabelle 8.

	Zielgruppen					
Unter-nehmen	Kunden	Koop.-partner (überlebens-wichtig)	Koop.-partner für (lose) Zusammen-arbeit	Medien (Blogger, Journalisten)	Investoren	Sonstige
U1	✔		✓	?→✖	?→✓	
U2	✔		✔	✔	?→✔	
U3	✔			✔	✔	
U4	✔			✓	?→✔	
U5	✔		✔	?→✔	✖	
U6	✔		✔	?→✓	✔	
U7	✔	✔	✔	?→✔	✖	Bewerber
U8	✔			?→✔	?→✔	Kultur-interessierte
U9	✔			?→✔	✔	
U10	✔			?→✓	✔	

Tabelle 8: Überblick über die Zielgruppen der externen Unternehmenskommunikation   Quelle: eigene Darstellung

Legende: kleine Haken: weniger relevante Zielgruppen; große Haken: wichtige Zielgruppen; ?→x: auf Nachfrage nicht genannt; ?→√: auf Nachfrage genannt

Forschungsfrage 2.2 ‚Welche Zielgruppen sprechen Startups mit ihrer externen Unternehmenskommunikation an?‘ lässt sich demnach zusammenfassend folgendermaßen beantworten: Als für alle Startups relevante Kommunikationszielgruppe gelten vor allem Kunden. Sie werden benötigt, um überproportional wachsen zu können, was Startups per Definition anstreben und wodurch letztlich Geld verdient wird, um die Ressourcenknappheit zu überwinden. Daher ist es nicht verwunderlich, dass sich Startups auf diese Zielgruppe konzentrieren müssen, ohne die das Unternehmen nicht überleben würde. Kooperationspartner spielen ebenfalls für einige Startups eine Rolle. Daneben sind Journalisten und Blogger für einen Teil der Befragten als Multiplikatoren relevant, allerdings weniger als direkte Zielgruppe. Bemerkenswert ist, dass Multiplikatoren, die sich online bewegen, im Verhältnis zu Printjournalisten eine hohe Bedeutung für Startups haben, was auf die Technologie- beziehungsweise Internetverbundenheit dieser Unternehmen zurückzuführen sein dürfte. Die bisher genannten Gruppen der Kunden, Journalisten und Kooperationspartner sind auch für den Mittelstand relevant, wie in Kapitel 2.D aufgezeigt wurde. Investoren werden von den Befragten teilweise erst auf Nachfrage als Zielgruppe der Kommunikation genannt, denn „die musst du natürlich anders angehen“ (B9). Sie sind aber für manche Startups sogar besonders wichtig. Immerhin sind diese Unternehmen aufgrund der knappen Mittel, ihres Strebens nach Wachstum und ihres innovativen Charakters auf hohes Kapital angewiesen (Achleitner & Bassen, 2003, S. 10; Knecht, 2002, S. 105; vgl. Kapitel 2.B). Vor allem letzterer, der Startups eine Finanzierung durch traditionelle Mittel erschwert, führt dazu, dass Investoren zur wichtigen Zielgruppe werden (Hochgesand, 2002, S. 371; vgl. Kapitel 2.B).

Es stellt sich die Frage, ob sich hinsichtlich der Stufe im Lebenszyklus, dem Alter oder der Größe, die anhand der Mitarbeiterzahl erfasst wird, Unterschiede zwischen den Startups ergeben. In Bezug auf Kunden ist dies mit einem klaren ‚nein‘ zu beantworten, da alle diese als Zielgruppe angeben. Journalisten werden gleichfalls von Startups unterschiedlichen Alters, in verschiedenen Lebensphasen und unterschiedlicher Größe genannt, ebenso wie Investoren. Ob letztere eine Zielgruppe darstellen, hängt vielmehr damit zusammen, ob ein Startup auf eine Finanzierung angewiesen ist. Für die Zielgruppe der Kooperationspartner deutet sich ein Zusammenhang an. Das Alter selbst scheint zwar keine Rolle zu spielen, jedoch geben die Startups, die sich in der Wachstums- oder Spät-Phase befinden (U1, U2, U6, U7), Kooperationspartner als Zielgruppe der Kommunikation an, wenn dies auch nur „vereinzelt“ (B6) der Fall ist oder diese als Multiplikatoren genutzt werden (B1). B5 legt als einziger Befragter, dessen Startup sich in einer früheren Phase befindet, nämlich der Startup-Phase, Wert auf Kooperationspartner. Es lohnt sich zusätzlich einen Blick auf die Mitarbeiterzahl zu werfen, die bei Startups mit Kooperationspartnern bei mindestens sieben (U5) liegt, wobei U1 eine Ausnahme bildet, weil hier nur drei Gründer und zwei Werkstudenten beschäftigt sind. Es scheint also, als wären Kooperationspartner für Startups relevant, die eine größere Belegschaft haben und sich in fortgeschrittenen Phasen befinden. Möglicherweise verfügen solche eher über die personellen Ressourcen, Strukturen und eine bessere Verhandlungsbasis, um ihre Zielgruppen auszuweiten.

Betrachtet man die zugrunde liegenden theoretischen Ansätze, können die Zielgruppen entsprechend eingeordnet werden. So erscheint es nach dem Modell von Zerfaß (2010) nach wie vor sinnvoll, Investoren als ökonomische Zielgruppe im Marktumfeld anzusiedeln. Auf sie wird später genauer eingegangen. Hier sind auch Kooperationspartner und Kunden zu verorten, wobei letztere gleichzeitig als Hauptzielgruppe im Transaktionsmarketing gelten, während Investoren und Partner hier wenig Berücksichtigung finden. Diese dürften neben Kunden eher im Relationship Marketing relevant werden. Dieses berücksichtigt auch die Beziehungen zu Journalisten und Bloggern, die als Multiplikatoren Kunden beeinflussen können. Nach Zerfaß (2010) gehören Medien der gesellschaftspolitischen Öffentlichkeit an. Eine Einordnung und Darstellung der Relevanz von Zielgruppen ermöglicht auch das Concept of Linkages von Grunig und Hunt (1984), wie Abbildung 4 zeigt.

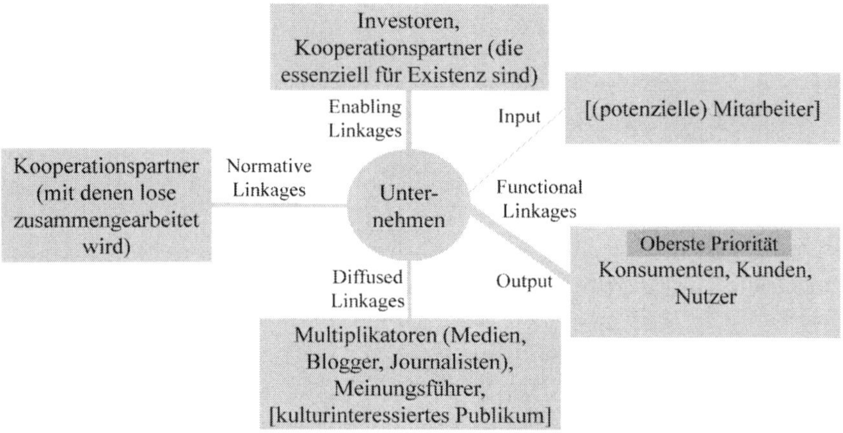

Abbildung 4: In Startups vorhandene Linkages gekennzeichnet nach Relevanz

Quelle: eigene Darstellung nach Grunig & Hunt, 1984, S. 141; Röttger et al., 2014, S. 103

So ist festzustellen, dass aufgrund der Kunden, die für alle Startups höchst relevant sind, *functional Linkages* am wichtigsten sind. Dies ist kaum verwunderlich, stellen diese doch Verbindungen dar, die für die Aufrechterhaltung des Unternehmens essenziell sind, was für junge, unbekannte und ressourcenarme Startups besonders von Bedeutung ist. Investoren bilden die *enabling Linkages* ab, die die überlebenswichtigen Ressourcen beeinflussen. Diese Zielgruppe ist demnach durchaus kommunikationsrelevant, obgleich dies in der Praxis nicht von allen Befragten erkannt wird. Medien werden unter *diffused Linkages* verortet. Da diese Verbindungen diffus sind, erklärt sich, weshalb sie von einigen Startups nicht sofort angesprochen oder nicht als Zielgruppe an sich wahrgenommen werden. Immerhin dürften diese Unternehmen kaum über die Ressourcen verfügen, solche nicht eindeutigen Verbindungen zu überblicken und zu ordnen, worauf die Aussage „es ist jetzt keine Zielgruppe, die wir definieren“ (B9) hindeutet. Die Einordnung von Kooperationspartnern ist nicht eindeutig. So können sie bei U7 *enabling Linkages* darstellen, da das Geschäftskonzept so ausgerichtet ist, dass Kooperationspartner für das Überleben des Unternehmens wichtig sind. Ansonsten könnten sie als *normative Linkages* gelten, wenn es sich um Partner handelt, mit denen zusammengearbeitet wird, da mit diesen Werte und Ziele geteilt werden. Der Ansatz des Transaktionsmarketings greift im Gegensatz zu denjenigen von Zerfaß (2010) und Grunig und Hunt (1984) zu kurz. Hier liegt zwar der Fokus auf Kunden, die zweifellos die wichtigste, aber dennoch nicht die einzig relevante Zielgruppe darstellen. Im Relationship Marketing werden dagegen die relevanten Zielgruppen abgedeckt und der Fokus wie auch bei den Startups selbst auf ökonomische Zielgruppen gelegt.

II Kommunikationsziele von Startups

Hinsichtlich der Kommunikationsziele konnten ebenfalls eindeutige Antworten generiert werden. Einige Ziele fanden dabei an anderen Stellen des Interviews Erwähnung oder es konnten Aussagen als solche identifiziert werden. Alle Befragten nennen das Ziel der Neukundengewinnung beziehungsweise Nutzerakquise, was vor allem B1, B4, B5 und B6 als sehr wichtig erachten. Lediglich B7 weist darauf hin, dass Nutzerakquise „für uns momentan nicht vorne dabei“ sei, womit „wir wahrscheinlich ein total untypisches Startup“ (B7) seien. Dies ist mit dem bereits in Kapitel 6.A.I erwähnten Geschäftskonzept zu erklären, das auf die Gewinnung von Kooperationspartnern ausgerichtet ist. Verknüpft mit dem Ziel der Kundengewinnung sind der Verkauf von Produkten und damit die Steigerung des Absatzes und Umsatzes. Verkäufe durch Kommunikation anzustreben, geben sechs Befragte (B1, B3, B5, B8, B9, B10) an. Denn letztendlich sei, „schnellstmöglich einen Sale zu generieren [...] das oberste Ziel auch nach wie vor“ (B1). Im Gegensatz zu Großunternehmen können Startups keine oder nur wenige Synergieeffekte nutzen, weshalb „wir es uns theoretisch nicht leisten können, [...] uns über eine lange Durststrecke über Wasser zu halten“ (B9). Dementsprechend müssen schnell Verkäufe erzielt werden. Ein Grund, dass dieses Ziel von anderen Interviewpartnern nicht explizit genannt wird, dürfte sein, dass diese Unternehmen meist eine Dienstleistung anbieten und kein Produkt, das zum Verkauf steht. Den Umsatz beziehungsweise Absatz positiv zu beeinflussen, sprechen B3, B7, B9 und B10 explizit an, da es „am Ende [...] auf High Level [...] immer [um] Absatzsteigerung“ (B7) und damit um ökonomische Aspekte gehe. Implizit dürfte dies aufgrund der hohen Bedeutung der Neukundengewinnung und Nutzerakquise für alle Unternehmen relevant sein. B7 bringt außerdem Expansion als Ziel zur Sprache. Weitere letztlich ökonomische Absichten sprechen B2, der „Lust machen [will] auf das Produkt" (B2) und ein „haben-wollen-Gefühl" (B2) bei Nutzern erzeugen will und B10 an, der Konsumenten zu einem „Probierkauf" (B10) animieren möchte. Es sollen also Interessen und Bedürfnisse aktiviert werden, die sich positiv auf den Umsatz auswirken. B9 will beeinflussen, um „den Leuten den Lifestyle aufzusetzen, den wir wollen" (B9) und „Erlebnisse schaffen" (B10). Eine Zielgröße, die nicht direkt ökonomischer Natur ist, jedoch schlussendlich der Kundengewinnung dient und dem Transaktionsmarketing zuzuordnen ist, ist das Erzeugen von Bekanntheit (B2, B3, B5, B8, B9, B10) respektive Aufmerksamkeit (B2, B5, B8, B9, B10), was für B5 gar als einzig wichtiges Ziel neben Kundengewinnung gilt. Besonders B9 betont, dass Bekanntheit eine Voraussetzung für Kundengewinnung sei, was daran liegen mag, dass das Produkt aktuell noch nicht auf dem Markt ist und später nicht nur online, sondern auch in Läden verkauft werden soll. Daher ist nicht immer eine direkte Ansprache möglich, sondern es muss ein gewisses „Grundrauschen" (B7, B9), für das sich auch B7 ausspricht, erzeugt werden. Anders verhält sich dies bei den weiteren Startups, für die das Erlangen von Bekanntheit in der jetzigen Situation von untergeordneter Bedeutung ist und zukünftig durch PR erreicht werden soll (B1, B4). Dabei geht es den beiden Interviewpartnern vor allem um „Visibility" (B4), um „bei der Suchmaschine bekannter" (B1) zu werden. Für B6 spielt der Aufbau von Bekanntheit durch Darstellung in Branchenmagazinen ebenfalls eine sehr untergeordnete Rolle und kann quasi als Nebeneffekt gesehen werden, um Investoren auf das Unternehmen aufmerksam zu machen (B6). Für drei Befragte (B1, B4, B9) ist die Erzeugung von Wissen über das erklärungsbedürftige Produkt relevant. Dies hängt zusammen mit dem innovativen Charakter, der Startups und deren Produkte prägt. B10 will allgemein seine Investoren umfassend informieren, damit sich diese ein vollständiges Bild machen können. Ein tieferes Verständnis, das über die Erzeugung bloßen Produktwissens hinaus geht, will B2 schaffen, dem es wichtig ist, dass Interessenten „verstanden [haben] worum es bei [Unternehmensname U2] geht, warum wir anders sind, was uns ausmacht, et cetera" (B2).

Als weiteres Ziel gelten der Aufbau und die Pflege nützlicher Beziehungen zu Anspruchsgruppen. Es wird von sechs Befragten vor allem implizit genannt. So gibt B2 an, mit „Top-Nutzern" (B2) persönliche Gespräche zu suchen und Beziehungen durch „unterschiedliche Wege" (B2) zu pflegen.

B2 und B10 wollen Loyalität ihrer Kunden (B2) beziehungsweise Investoren (B10) erzeugen, was für Commitment als Ziel spricht. Dass für weitere Unternehmen Beziehungsaufbau ebenfalls eine Rolle spielt, lässt sich daraus schließen, dass Stammnutzer gewonnen werden sollen (B1), der Newsletter für Bestandskunden „für uns gerade wichtig ist“ (B3), was sich beides letztlich auf den Absatz auswirkt, oder eine „starke Followerschaft“ (B5) aus Kunden und Partnern aufgebaut werden soll. Hier ist damit nicht nur von explizit ökonomischen Beziehungen die Rede. *Follower* müssen nicht zwangsläufig wirtschaftliche Folgen für das Startup generieren. Es ist trotzdem davon auszugehen, dass besonders hierauf Wert gelegt wird, weil als oberstes Ziel Kundengewinnung ausgegeben wird. Da B5 „eher nachhaltig und langfristig“ (B5) plant, dürfte dies die Relevanz der starken Anhängerschaft erklären. B7 ist daran gelegen, überlebenswichtige Kooperationspartner zu gewinnen, was für den Aufbau und die Pflege von Beziehungen zu diesen spricht. Aber „es ist nicht nur der Aufbau der Kundenbeziehungen“ (B7), denn das Startup muss rechtfertigen, dass die Partner „aufs richtige Pferd gesetzt [...] haben“ (B7), weshalb ökonomischer Erfolg als wichtiger angesehen wird. Für vier Unternehmen scheint Beziehungsaufbau aus verschiedenen Gründen nicht relevant zu sein. So befinden sich U4 und U8 in der Frühentwicklungsphase und U9 in der Startup-Phase. Für sie steht die Kundengewinnung wohl weit über dem Beziehungsaufbau. Zwar ist auch U3 in der Frühentwicklungsphase, aber nur aufgrund einer Umstellung des Geschäftskonzeptes. Das Unternehmen hat jedoch innerhalb der letzten Jahre bereits Kundenbeziehungen aufgebaut. B6 gibt als einziger Repräsentant eines Startups, das sich in einer späteren Phase befindet, an, Beziehungsaufbau sei ein weniger relevantes Kommunikationsziel. Dies ist durch den großen Vertrieb erklärbar, über den hier Kundenbeziehungen aufgebaut und erhalten werden (B6).

Positionierung, also Abgrenzung vom Wettbewerb, stellt eine weitere Zielkategorie dar (B2, B3, B8, B9, B10). So sei für B2 „ein Nebenziel von PR [...] Abgrenzung zum Wettbewerb, also sprich Positionierung, was macht uns aus, warum sind wir einzigartig, warum sind wir anders als der Wettbewerb“ (B2). Für B10 spielt Positionierung generell nur in Bezug auf Investoren eine Rolle, wobei ein einheitliches Bild entstehen soll. In Zusammenhang mit der Positionierung kann auch Brandbuilding genannt werden, was für B2 und B8 wichtig ist. Im Gegensatz dazu steht dies für B1 und B4 später, für B6 allerdings nicht im Fokus, da das Unternehmen „einfach viel zu klein“ (B6) für Brandbuilding sei. In Anbetracht der Tatsache, dass das Startup das Größte in der Stichprobe ist, erscheint dies erstaunlich. Es dürfte aber darauf zurückzuführen sein, dass externe Kommunikation hier allgemein eine geringe Bedeutung hat. Daneben wird in einigen Startups ein positives Image als relevant angesehen. B7 spricht hier zwar von Positionierung, bezieht sich dabei aber darauf, dass „wir [...] irgendwie ein seriöser Anbieter [sind], [...] der irgendwie von wissenschaftlichen Forschungspartnern geschätzt und empfohlen wird“ (B7). Er geht also auf das „Bild, das wir von uns in der Öffentlichkeit erzeugen“ (B7) und damit auf den Aufbau eines guten Rufes oder Images und weniger auf Abgrenzung vom Wettbewerb ein. Eine solche Positionierung gilt als primäres PR-Ziel. Auch für B9 ist das öffentliche Bild wichtig, denn er will ein „bisschen sympathischer“ (B9) erscheinen. Für B3 spielt explizit das Unternehmensimage eine Rolle. Dennoch habe „das Produkt [...] gerade mehr Stellenwert als unser Unternehmensimage“ (B3). In Bezug auf Investoren spricht auch B6 von der Erlangung einer gewissen Reputation, gibt dies jedoch nicht als direktes Ziel aus. Vertrauen wird ebenfalls von mehreren Befragten (B2, B3, B7, B8, B10) angesprochen. Laut B8 sei dies für unbekannte Unternehmen generell zentral, um Kunden zu gewinnen. Daneben gilt die Tätigkeit in einer bestimmten Branche als Argument für die Notwendigkeit des Vertrauensaufbaus. Dies wird beispielhaft bei U3 ersichtlich, denn „wir sind in der Finanzbranche“ (B3) und „wenn da ein Vertrauensbruch stattfindet, dann ist die Firma ruiniert“ (B3). Auch das Geschäftsmodell kann es erforderlich machen, Vertrauen aufzubauen. Wie im Fall von U2, das eine Plattform bereitstellt, auf der Nutzer Privatverkäufe tätigen können. Dies könnte Skepsis erzeugen. Doch Vertrauen spielt nicht nur in Bezug auf Kunden eine Rolle. So will B10 Vertrauen seiner Investoren gewinnen, während B7 durch dieses vor allem Partner akquirieren und erreichen möchte, dass ein potenzielles Partnerunternehmen „mich total glaubwürdig findet“ (B7).

Eine genaue Übersicht über die Ergebnisse, die Anzahl der Nennungen und die Zuordnung zu Paradigmen bietet Tabelle 9.

Zuordnung zu Paradigma				Ziel	Anzahl Zustimmungen	Unternehmen									
						1	2	3	4	5	6	7	8	9	10
TM				Neukundengewinnung	10	X	X	X	X	X	X	x	X	X	X
TM				Absatz-/Umsatzsteigerung	4			X				X		X	X
TM		Mtk.	Publ.	Zum Ein- und Verkauf bewegen	6	X		X		X			X	X	X
TM			Publ.	Bekanntheit/Aufmerksamkeit/ erzeugen	6 (+4)	x	X	X	x	X	x	x	X	X	X
	RM	Mtk.	Sym. 2-Wege	(Wirtschaftliche) Beziehungen aufbauen und pflegen	6	X	X	X		X		X			X
	RM	Mtk.		Wettbewerbsprofilierung	5		X	X					X	X	X
	RM	PR		Vertrauensaufbau	5		X	X				X	X		X
TM				Produktwissen erzeugen	3	X			X					X	
TM		Mtk. PR		Imageaufbau	3 (+1)			X			x	X		X	
Keine Zuordnung				Brandbuilding	2 (+2)	x	X		x				X		
	RM			Commitment erzeugen	2		X								X
Keine Zuordnung				Visibility erzeugen	2	X			X						
Keine Zuordnung				Einheitliches Auftreten/Bild schaffen	2		X								X
TM		Mtk.		Interessen/Bedürfnisse aktivieren	2		X								X
		PR	Sym. 2-Wege	(Gesell.-pol.) Beziehungen aufbauen und pflegen	(1)					x					
	RM			Glaubwürdigkeit erzeugen	1							X			
		Prim. PR	Asym. 2-Wege	Beeinflussung von Meinungen und Verhalten	1									X	
Keine Zuordnung				Erlebnisse schaffen	1										X
TM				Expansion	1							X			
		Sek. PR		(Tieferes) Verstehen/Wissensbildung	1		X								
			Info.-tätigkeit	Investoren informieren	1										X

Tabelle 9: Übersicht über genannte Ziele inklusive Einordnung in Paradigmen und Anzahl der Nennungen — Quelle: eigene Darstellung

Legende: TM = Transaktionsmarketing; RM = Relationship Marketing; Mtk = Marktkommunikation nach Zerfaß; PR = PR nach Zerfaß; Prim. PR = primäres PR-Ziel nach Zerfaß; Sek. PR = Sekundäres PR-Ziel nach Zerfaß; Publ. = Publicity Modell; Info.-tätigkeit = Informationstätigkeitsmodell; Sym. 2-Wege = Symmetrisches Zwei-Wege-Modell; Asym. 2-Wege = Asymmetrisches Zwei-Wege-Modell

Zusammenfassend ist zu Forschungsfrage 2.1 ‚Welche Ziele verfolgen Startups mit ihrer externen Unternehmenskommunikation?‘ zu sagen, dass sowohl Ziele angestrebt werden, die im Transaktionsmarketing und Relationship Marketing als auch in der Marktkommunikation und PR von Zerfaß (2010) relevant sind. Vereinzelt spielen sie auch in den vier Modellen von

Grunig und Hunt (1984) eine Rolle. Besonders Ziele des Transaktionsmarketings sind von Bedeutung. An erster Stelle steht hierbei die Kundengewinnung. Ferner ist der Aufbau von Beziehungen für die Interviewpartner wichtig, was im Relationship Marketing, der Marktkommunikation nach Zerfaß und dem symmetrischen Zwei-Wege-Modell nach Grunig und Hunt als Ziel aufgeführt wird. Selbiges gilt für Wettbewerbsprofilierung und Vertrauensaufbau (vgl. Kapitel 3.C und 3.D). Auffällig ist außerdem, dass nur sehr wenige der Ziele, die Zerfaß vor allem in der PR verortet, genannt werden. Ein Beispiel wäre der Aufbau gesellschaftspolitischer Beziehungen. Dies deckt sich mit den empirischen Ergebnissen bezüglich Mittelständlern, für die gesellschaftspolitische Ziele kaum relevant sind (vgl. Kapitel 2.D). Es bestätigt sich durch die Ergebnisse eine Vermutung aus der Theorie (vgl. Kapitel 3.D.I), nämlich, dass nur das primäre und sekundäre, jedoch nicht das dominante Ziel der PR nach Zerfaß – die soziale Integration – relevant scheinen. Insgesamt könnte der Mangel an PR-Zielen darauf hindeuten, dass Startups hinsichtlich ihrer Ziele noch nicht so weit entwickelt sind, wie dies womöglich für etablierte Unternehmen gilt, auf die sich das Konzept von Zerfaß (2010) bezieht.

Es kann keine pauschale Antwort auf die Forschungsfrage gegeben werden, die für alle Startups der Untersuchung gültig ist. Es wird allerdings ersichtlich, dass ökonomische Ziele oder diejenigen sehr wichtig sind, die sich direkt auf die wirtschaftliche Performance auswirken. Dies steht in Zusammenhang mit dem Wachstumsstreben und dem Drang zunächst wirtschaftlich zu überleben und sich zu etablieren.

Insgesamt kristallisieren sich verschiedene Gruppen heraus. Gruppe eins (U1, U4, U6) verfolgt wenig differenzierte und vor allem ökonomische Ziele, die auch für Mittelständler als besonders relevant gelten (vgl. Kapitel 2.D) und besonders im Transaktionsmarketing wichtig sind. Diese Gruppe ist der marketingorientierten Perspektive zuzuordnen. So ist Kundengewinnung das oberste Ziel, was nicht verwunderlich ist: Neue, kleine Unternehmen, die mit geringen Ressourcen ausgestattet sind, sind darauf angewiesen, Kunden zu gewinnen, wollen sie überproportional wachsen und sich etablieren. Von untergeordneter Bedeutung ist hier dagegen das Erzeugen von Bekanntheit beziehungsweise Sichtbarkeit durch PR. Jedoch ist explizit von Veröffentlichungen in Medien die Rede (B1, B4, B6). Diese werden in U1 und U4 zukünftig angestrebt und sollen vor allem dem Absatz dienlich sein, während Bekanntheit für U6 nur in Bezug auf die Investorengewinnung relevant ist. Ebenso untergeordnet sind der Aufbau von Kundenbeziehungen (B1) und Brandbuilding, das ebenfalls eher langfristig relevant wird und durch PR erreicht werden soll (B1, B4). Ziele, die die ökonomische

Performance direkt betreffen, haben also für diese Gruppe oberste Priorität. Dazu passt, dass diese Startups fast ausschließlich Kunden als Zielgruppen betrachten, Medien dagegen als nahezu irrelevant einschätzen. U5 lässt sich ebenfalls dieser Gruppe zuordnen, da hier lediglich Kundenansprache und der Aufbau von Bekanntheit angestrebt werden. Allerdings betont der Befragte die langfristige Perspektive und die Notwendigkeit des Beziehungsaufbaus, weshalb die Tendenz von U5 zum Relationship Marketing geht, wohingegen in U1, U4 und U6 kurzfristige Ziele des Transaktionsmarketings von Bedeutung sind.

Für die übrigen Unternehmen ist Kunden- oder Nutzergewinnung ebenfalls sehr wichtig. Im Gegensatz zu Gruppe eins sind die Ziele dieser Gruppe vielfältiger und nicht immer unmittelbar auf ökonomische Aspekte ausgerichtet. Der Aufbau von Vertrauen, Bekanntheit, Glaubwürdigkeit, Positionierung – also Abgrenzung vom Wettbewerb – oder Beziehungsaufbau sind relevant. Diese Aspekte werden aber in den Startups nicht gleich gewichtet. Dieser Umstand kann unter anderem auf das Geschäftsmodell oder die Phase, in der sich die Unternehmen befinden, zurückgeführt werden. Für die Startups dieser Gruppe, die noch relativ neu am Markt sind, beziehungsweise die sich in einer frühen Entwicklungsphase befinden, sind Kundengewinnung und Absatzsteigerung von besonderer Bedeutung, während die anderen Ziele untergeordnet zu sein und in späteren Stufen (U2, U7) an Bedeutung zuzunehmen scheinen. Dabei muss das Geschäftsmodell berücksichtigt werden. Immerhin ist U7 nicht direkt auf Nutzer-, sondern eher auf Partnergewinnung angewiesen, da diese das Unternehmen finanzieren, weshalb sich hier die Erhöhung von Glaubwürdigkeit und Vertrauen letztlich auf die ökonomische Performance auswirkt. Die Gewichtung der Ziele dürfte mit dem Alter wohl nicht zusammenhängen, da sowohl ältere als auch jüngere Startups überwiegend Absatz und Kundengewinnung anstreben. Dass U2 und U7 im gleichen Jahr gegründet wurden, dürfte eher Zufall sein. Hinsichtlich der Mitarbeiterzahl ist festzuhalten, dass diese beiden Unternehmen in dieser Gruppe die meisten Mitarbeiter haben. Es könnte also auch eine Rolle spielen, dass sie aufgrund geringerer personeller Probleme ausdifferenziertere Ziele verfolgen können. Anders verhält sich dies in Gruppe eins, da hier auch U1 und U6 in einer späteren Phase sind, aber dennoch fast ausschließlich auf Absatz abzielen. Dabei verfügt zumindest U6 – gegenüber anderen Startups – mit circa 100 Mitarbeitern über sehr viel Personal. Wieso ökonomische Ziele in diesen Startups im Vergleich zu anderen einen so hohen Stellenwert haben und diesen wohl behalten werden, lässt sich nicht erklären. Dies stellt aber auch kein Ziel der vorliegenden Arbeit dar.

III Strategische Planung und Abstimmung der Unternehmenskommunikation

Ein strategischer Planungsprozess der externen Kommunikation im Sinne einer Analyse, Planung, Umsetzung und Evaluation könnte darauf hindeuten, dass sich die Verantwortlichen bewusst sind, dass Kommunikation entscheidend zum Unternehmenserfolg beitragen kann. Die Kommunikation wäre also durchdacht und abgestimmt auf Unternehmensziele. Es wird nicht nur schlicht kommuniziert, um des Kommunizierens Willen. Doch selbst wenn ein Bewusstsein hierfür herrscht, heißt dies nicht, dass die Kommunikation einer Konzeption folgt. Sie könnte auch eher auf Intuition beruhen. Erfolgt ein solcher Planungsprozess nicht, bedeutet das wiederum nicht automatisch, dass sich die Verantwortlichen über den Einfluss einer Strategie für den Unternehmenserfolg nicht im Klaren sind. Vielmehr könnten auch äußere Umstände für ein nicht oder nur rudimentär vorhandenes Konzept verantwortlich sein, wie zum Beispiel ein Mangel an Ressourcen. Wie die tatsächlichen Gegebenheiten sind und welche Gründe unter Umständen hierfür existieren, wird in der Folge ergründet. Darüber hinaus soll darauf eingegangen werden, ob die Kommunikation im Sinne einer integrierten Kommunikation abgestimmt wird.

Strategische Planung der Unternehmenskommunikation

Das Vorhandensein einer strategischen Planung bejahen drei der Befragten direkt (B3, B5, B9). Hier existiert ein Themen- oder Redaktionsplan mit Zieldefinitionen und Kommunikationsinhalten. Als Erklärung für die Existenz eines solchen Plans wird angeführt, dass Budgetforderungen gegenüber Vorgesetzten begründet werden müssen (B3) und eine „Verpflichtung gegenüber unserem Investor“ (B9) und „gegenüber uns“ (B9) existiere. Es findet also eine Planung statt, damit die Verantwortlichen wissen, was in der Kommunikation getan wird, wie dies umgesetzt werden soll und welches Budget aufgewendet werden muss, um das Produkt kommunikativ platzieren zu können (B9). Dadurch lassen sich Fehler vermeiden, denn, „dass es in die Hose geht [,ist] ein bisschen überschaubarer, wenn man [...] nicht alles aus dem Bauch raus entscheidet“ (B9). Ferner dient eine strategische Planung als Orientierungshilfe, denn „es ist auch ganz gut, um dann doch wieder das Ganze in die richtige Richtung zu lenken“ (B5). Die Gründe für eine Konzeption sind damit vor allem auf Rechtfertigungsdruck,

Budgetbegründungen und das Bewusstsein, dass hierdurch Fehler vermieden werden können, zurückzuführen. Diese Angaben decken sich mit den Erklärungen, die in Kapitel 3.A für die Notwendigkeit eines systematischen Vorgehens angeführt wurden. Ein Problem für Startups kann die Planungsunsicherheit darstellen, denn „alles, [...] was ich gerade tue, beruht tatsächlich auf Annahmen“ (B9), weil noch keine Daten vorhanden sind, auf deren Basis geplant werden könnte. Dies ermöglicht wiederum eine gewisse Flexibilität, denn „wir schreiben den Fahrplan grad selbst, währenddessen wir ihn fahren“ (B9). So kann spontan reagiert werden, was auch für B5 wichtig ist, der angibt, das Konzept werde „anarchistisch unterlaufen“ (B5). Die Erklärung dafür ist, dass besonders im digitalen Umfeld auf Gegebenheiten reagiert und Anpassungsfähigkeit vorausgesetzt werden muss (B3, B5). Die drei Befragten orientieren sich an übergeordneten Unternehmenszielen und an mit diesen in Zusammenhang stehenden Kommunikationszielen (B3, B5, B9). Allerdings seien „gerade in einem Startup [...] die Unternehmensziele die wichtigsten. Weil wir uns selber noch nicht finanzieren können [und] mit Geldern von Investoren arbeiten“ (B3). Dies schließt den Kreis zu B9, der das Vorhandensein einer strategischen Planung mit der Rechtfertigung vor Investoren und sich selbst begründet.

Keine expliziten Kommunikationsziele existieren in U2, U4 und U7. Hier orientiert man sich an Unternehmenszielen oder einem übergeordneten Strategiepapier (U2). Die anderen Befragten machen dazu keine Angaben (B1, B6, B8, B10). In all diesen Startups ist die Planung entweder nicht vorhanden (U6, U8) oder wesentlich weniger ausgereift. Meist haben die Interviewpartner dennoch eine grobe Vorstellung davon, welchen Zweck Kommunikation erfüllen soll (B10), „wo wir hinwollen“ (B7) und eine „lose Pipeline“ (B7) oder einen gewissen Rhythmus in der Investorenkommunikation (B10). Jedoch fehlen oft eine gewisse Systematik und ein genauer Plan, der kontrolliert werden könnte (B7). „Das ist nur eine Gefühlssache“ (B10). Es wird kommuniziert, wenn „wir jetzt eine Opportunität haben“ (B7). In U1 erfolgt die Planung „ein bisschen spontaner. Es ist aber auch nicht Lust und Laune“ (B1). Analyse und Planung werden hier durchgeführt. Sie sind dabei auf einen sehr kurzen Zeitraum ausgelegt, um reagieren zu können, falls die Maßnahmen nicht die gewünschte Wirkung erzielen (B1). Dies ist auf den Mangel an Erfahrung als Startup in einem innovativen Bereich zurückzuführen, was auch von den Befragten, in deren Startups ausgereiftere Konzepte vorhanden sind, angesprochen wird. B4 bejaht die Frage nach einer strategischen Planung. Es stellt sich heraus, dass hiermit kein umfassendes Kommunikationskonzept gemeint ist, sondern lediglich eine Zielgruppenanalyse vorgenommen wird (B4). In zwei Startups folgt die Kommunikation keinerlei Planung. So sei es in U8 der „Plan [...] jeden Presseartikel mitzunehmen, den wir können" (B8) und über aktuelle Themen zu kommunizieren. Während die anderen Unternehmen auch aktiv kommunizieren, ist dies in U6 nicht der Fall. Dementsprechend existiert keine strategische Planung, was hier wenig überraschend scheint, da externe Kommunikation überwiegend „ad hoc und nicht durch uns gesteuert" (B6) stattfinde (B6). Einige Befragte führen Gründe an, weshalb keine strategische Kommunikationsplanung vorgenommen wird, obwohl durchaus vereinzelt das Bewusstsein herrscht, dass es „irgendwie Sinn" (B7) machen würde. Eine langfristige Planung sei wegen der Gefahr, dass „wir eh alles über den Haufen" (B1) werfen müssen, kaum zu realisieren, da noch keinerlei Erfahrungswerte vorhanden sind, auf denen aufgebaut werden kann. Angeführt werden außerdem ein Kapazitäts- beziehungsweise Zeitproblem (B1, B7). B7 und B10 vermuten, es hänge mit der Unternehmensgröße zusammen, dass kein ausgereiftes Konzept existiere. Während B7 hiermit auf den Mangel an Ressourcen anspielt, hält B10 dieses nicht für notwendig, denn „einen Plan gibt es, damit man entweder etwas nicht vergisst. [...] Oder er ist dafür da, Sachen abzustimmen zwischen Leuten. Und ich habe ja keine Leute, mit denen ich mich abstimmen soll" (B10). Obwohl in U2 verschiedene Mitarbeiter für Kommunikation zuständig sind, argumentiert B2 ähnlich. Er sieht sich gemeinsam mit einem Kollegen als „Guideline zur Corporate Identity" (B2) und trifft letztlich die Entscheidungen.

Da besonders die Evaluation als Teil strategischer Planung häufig außen vor gelassen wird (vgl. Kapitel 3.A), wird auf diese gesondert eingegangen, um Aufschluss über einen möglichen Planungsprozess zu erhalten. Es zeigt sich, dass die Evaluation auch Startups vor Herausforderungen stellt, die eine fundiertere Konzeption vorweisen. Grund ist, dass „man sie nicht immer so messen kann" (B3), und „Tools, mit denen ich echte Erfolgsmessung machen kann [...] unendlich teuer sind" (B5). Evaluation gilt als „leidiges Thema" (B5). Fünf Befragte weisen darauf hin, dass eine Kontrolle nur sehr begrenzt oder gar nicht durchgeführt werde (B5, B6, B9, B7, B10) und speziell PR-Maßnahmen schwierig zu messen seien (B2, B3, B4, B8). In irgendeiner Weise werden jedoch in allen Startups, die bereits am Markt sind, Erfolgsmessungen durchgeführt. B5 und B9, deren Produkte noch keine Marktreife erlangt haben, geben an, dass eine Erfolgsmessung momentan nicht sehr wichtig sei, aber „wenn es uns dann gibt, dann müssen wir auf die Glocke hauen" (B9) und „zu gegebener Zeit entsprechende KPIs definieren" (B5). Ein Bewusstsein für eine umfassende Erfolgsmessung scheint also bei diesen Startups vorhanden zu sein.

Insgesamt beschränkt sich die tatsächliche Erfolgsmessung häufig auf ökonomische Kennzahlen. Dies ist zum einen darauf zurückzuführen, dass wirtschaftliche Ziele meist die ausschlaggebenden sind. Zum anderen sind diese Größen, weil sie quantifizierbar sind, leicht zu messen. So wird bestimmt, wie viel investiert werden muss, um eine bestimmte Anzahl an Käufern zu generieren, oder verfolgt, ob eine Steigerung des Abverkaufs von Bestellungen oder Vertragsabschlüssen vorliegt (B1, B2, B4, B5, B6, B9, B10). Wie viele Anfragen aufgrund verschiedener Kommunikationsmaßnahmen von potenziellen Kunden, Kooperationspartnern oder Journalisten eintreffen, wird ebenfalls als eine Evaluationsmaßnahme genannt (B3, B5, B6, B7). Einige Befragte geben an, Klickzahlen (B2, B3, B4, B6, B8, B9) auszuwerten. Sie messen vor allem Marketingkennzahlen, wie etwa die Anzahl der Seitenbesucher und wie diese auf die Website gelangt sind, was wiederum auf mögliche Veröffentlichungen zurückgeführt werden kann (B4, B5, B6, B8). Daneben gelten Öffnungsquoten von Newslettern (B3), Verteilungsquoten von Pressemitteilungen (B3) oder die Anzahl an Downloads von App oder Whitepaper (B5, B7) als Indikatoren für Erfolg. Eine sehr ausgereifte Erfolgsmessung in Form einer Medienresonanzanalyse wird lediglich von U3 durchgeführt. Evaluation, in welcher Form auch immer, scheint insgesamt für alle Startups relevant zu sein, auch wenn sie – wie U6 – keine aktive Kommunikation betreiben. Dabei sind sich die Befragten über die teils begrenzte Aussagekraft der Messungen im Klaren.

Forschungsfrage 2.3 ‚Folgt die externe Kommunikation einer strategischen Planung im Sinne eines Prozesses und welche Gründe werden angeführt, wenn dies der Fall ist beziehungsweise, wenn dies nicht der Fall ist?' kann anhand der Ergebnisse beantwortet werden. So wird – wie im Mittelstand (vgl. Kapitel 2.D) – nur von der Minderheit der Startups (U3, U5, U9) eine ausführliche Konzeption durchgeführt (Balsys, 2004, S. 77; Schütte, 2011, S. 75-76; Zerfaß et al., 2015, S. 50). In diesen Unternehmen orientiert man sich an Kommunikations- und Unternehmenszielen, während dies in anderen Startups nicht der Fall ist. Dabei gelten Unternehmensziele als wichtiger. Auch Mittelständler orientieren sich nach Fischbach und Mack (2008, S. 175) vor allem an diesen. Strategische Planung erfolgt, um Ausgaben für die Kommunikation zu begründen und Vorgesetzte sowie Investoren über Kommunikationsvorgänge zu unterrichten. Außerdem lassen sich Fehler durch eine sorgfältige Planung vermeiden. Da Aktualität erforderlich ist, kann nicht jede Kommunikation geplant werden. Über die Erfolgsmessung machen sich die Verantwortlichen von U3, U5 und U9 ebenfalls ausführlicher Gedanken als andere. Auffällig ist, dass in diesen drei Startups Mitarbeiter für die Kommunikation verantwortlich sind, die ein kommunikationswissenschaftliches Studium abgeschlossen (B3, B5) und Erfahrungen in der Praxis haben (B3, B5, B9). Es liegt daher der Schluss nahe, dass die Bedeutung strategischer Kommunikationsplanung in Startups vor allem dann anerkannt und durchgeführt wird, wenn entsprechende Experten diese verantworten. Unterschiedliches Alter, Unternehmensgröße oder die Stufe im Lebenszyklus scheinen dagegen in keinem Zusammenhang mit einer strategischen Konzeption zu stehen. Zwar führen die beiden einzigen Unternehmen, die sich in der Startup-Phase befinden, diese durch und es ist nicht zu leugnen, dass sie in der Phase besonders sinnvoll ist, um von Anfang an eine grobe Richtung vorgeben und verfolgen zu können. Jedoch lässt sich aus keinem der anderen Interviews schließen, dass eine solche strategische Planung in einer frühen Phase durchgeführt wurde, was wiederum die Kommunikationserfahrung als einzige Erklärungsvariable zurücklässt.

Der Großteil der Startups führt dagegen keine strategische Planung durch. Auch hierfür existieren diverse Begründungen. Aus der Unternehmensgröße und Entwicklungsstufe können sich Probleme wie Kapazitäts- oder Zeitmangel sowie fehlende Erfahrungen, auf denen aufgebaut werden könnte, ergeben. Oft arbeiten in Startups keine Kommunikationsexperten, was sich mit steigenden Budgets und Mitarbeiterzahlen ändern könnte, da Planung bei zunehmender Größe als wichtiger empfunden wird. In U6, das wesentlich größer ist als die anderen Startups, ist dies allerdings nicht der Fall. Hier wird Planung aufgrund der geringen Kommunikationsaktivität nicht als notwendig erachtet. Grundsätzlich scheint sich Ressourcenmangel aber in jeglicher Hinsicht – finanziell, personell und zeitlich – negativ auf die strategische Planung auszuwirken. Außerdem scheint das Gefühl, auf jede Veröffentlichung angewiesen zu sein, ein weiteres Problem darzustellen, das abermals auf Ressourcenmangel und Unbekanntheit der Startups zurückzuführen ist. Ein systematisches Vorgehen wird also möglicherweise als nicht zweckmäßig betrachtet, da Startups darauf angewiesen sind, sich zu platzieren, egal wie oder wo dies passiert. Auch der Aktualitätsdruck kann als Grund gesehen werden, keine strategische Planung durchzuführen. Als Defizit eingeschätzt wird ein fehlendes übergeordnetes Konzept aber nicht zwangsläufig, da dieses nicht unbedingt als notwendig erachtet wird, wenn ein Verantwortlicher im Unternehmen die Vorgänge koordiniert (B2, B10). Dies kann auf zweierlei hindeuten: Zum einen ist es möglich, dass die bisher überschaubare Größe strategische Planung tatsächlich nebensächlich macht. Zum anderen wäre nicht verwunderlich, wenn diese unterschätzt und nicht bedacht würde, dass sie nicht nur der Koordinierung, sondern beispielsweise auch der Zielerreichung, Erfolgsbestätigung oder Effizienz dient.

Abstimmung von Kommunikationsmaßnahmen

Wie bereits im Theorieteil (vgl. Kapitel 3.D.I) angesprochen, gilt Abstimmung der Kommunikationsmaßnahmen als wichtig, um ein einheitliches Bild nach außen zu präsentieren (B2, B10). Dieses Ziel dürfte sich hier vor allem auf die formale Darstellung beziehen, da die Befragten besonders auf diese Abstimmungsform eingehen. Generell geben alle Interviewpartner bis auf B8 an, ihre Kommunikation in gewisser Weise abzustimmen, wobei manche „gerne noch viel mehr darauf achten“ (B7) würden. In U6 hält sich der Koordinationsaufwand „dadurch, dass wir wenig machen“ (B6) in Grenzen. Zwei der Befragten geben an, Abstimmung fände, wenn überhaupt, vielmehr unbewusst als bewusst statt. Dies führen sie darauf zurück, „dass es halt bei uns in einer Hand liegt“ (B1) und die Abstimmung der Kommunikation automatisch geschehe, „wenn nur eine Person dafür zuständig ist“ (B4). Eine bewusste Integration wird dagegen besonders in den Startups vorgenommen, die über ein Kommunikationskonzept verfügen (B3, B5, B9) und „muss“ (B9) stattfinden. Vermutlich wird diese bereits in der Planung berücksichtigt und ist dank des vorhandenen Konzepts und der daraus resultierenden Übersichtlichkeit der Kommunikationsmaßnahmen leichter durchzuführen. Immerhin sind die Kommunikationspläne in diesen Startups langfristig angelegt und durchdacht. In U2 sind verschiedene Mitarbeiter mit Kommunikationsaufgaben betraut, wobei der Gründer dafür verantwortlich ist, dass Kommunikationsmaßnahmen zusammenpassen. Er gibt an, „alles, was mit dem Brand oder mit der Außendarstellung von [Unternehmensname U2] zu tun hat, das liegt bei mir“ (B2). Die daraus entstehenden Entscheidungen werden an weitere Mitarbeiter weitergeleitet. Dieses Vorgehen und, dass „der Gründer sozusagen all diese Vorstellungen der Marke in die ganze Company hineinträgt“ (B2) hält der Befragte „für unser Geschäftsmodell“ (B2) besonders „am Anfang von einem Unternehmen [für] sehr wichtig“ (B2). Auch in U8 führen verschiedene Mitarbeiter die Kommunikation aus. Allerdings findet hier aufgrund der getrennten Verantwortlichkeiten keine Abstimmung statt, obwohl der Interviewpartner es „wünschenswert“ (B8) fände. Einzig formale Integration durch eine Corporate Identity kann festgestellt werden. Der Unterschied zwischen U2 und U8 liegt darin, dass in ersterem der Gründer selbst alle Bereiche überblickt und entsprechende Entscheidungen trifft, wohingegen in U8 keine übergeordnete Instanz existiert.

In Bezug auf die Abstimmungsformen ist festzuhalten, dass drei Befragte (B2, B3, B9) angeben, alle Formen der Integration, also inhaltliche, zeitliche, formale und dramaturgische Abstimmung durchzuführen. Es ist auffällig, dass zwei dieser Unternehmen eine verhältnismäßig ausgereifte strategische Kommunikation betreiben, die als Grund hierfür gesehen werden kann. In U2 scheint vor allem formale Abstimmung im Vordergrund zu stehen, während beispielsweise in den Ausführungen von B3 und B9 deutlich wird, dass hier tatsächlich alle Integrationsformen genutzt werden. Bis auf B4 gehen alle Befragten auf eine formale Abstimmung ein. So wird davon gesprochen, dass auf „Look" (B1), „Feel" (B1) und den „roten Faden in der Optik" (B10) geachtet werde und eine gestalterische Abstimmung „das Allerwichtigste" (B10) sei. Auch von einer Corporate Identity wird berichtet, in der sich diese ausdrückt (B6, B8). B7 gibt an, „wie du das [...] gestalterisch umsetzt, ist irgendwie das geringere Problem" (B7). Diese Aussage und die Tatsache, dass fast in allen Unternehmen eine formale Abstimmung stattfindet, selbst in U8, von dem der Befragte angibt, die Kommunikationsmaßnahmen nicht zu koordinieren, deuten darauf hin, dass diese zum einen für ein einheitliches Auftreten wichtig, zum anderen aber vor allem leicht umzusetzen ist. Inhaltliche Abstimmung wird von acht der Befragten (B1, B2, B3, B5, B6, B7, B9, B10) entweder explizit oder implizit genannt oder auf Nachfrage bejaht. Für B7 ist eine solche inhaltliche Abstimmung der Kommunikationsmaßnahmen am wichtigsten, da die „scharfen Aussagen" (B7) formuliert werden müssen, ohne jemandem „auf die Füße [zu] treten" (B7). Diese hohe Relevanz der inhaltlichen Abstimmung dürfte zurückzuführen sein auf das Gesundheitsthema und die damit verbundene Pharmabranche, die einen eher negativen Ruf genießt. Korrekte Informationen und vertrauenswürdiges Auftreten dürften hier besonders wichtig sein. In U1 und U10 ist aufgrund der „Kernaussagen" (B1), die abgestimmt werden, und der „One Voice" (B10) von inhaltlicher Koordination auszugehen. Eine zeitliche Abstimmung erwähnen explizit nur B4 und implizit sowie auf Nachfrage hin auch B2, B3 und B9, die ja „alles" (B2) abstimmen. Die dramaturgische Integration findet in keinem Gespräch Erwähnung. Lediglich B1 gibt an, dass „eine Kampagnen-Abstimmung [...] nur bedingt statt[findet]" (B1), während andere auf diese Integrationsform nicht näher eingehen, was kaum verwundert. Immerhin ist in keinem der Gespräche von groß angelegten Kampagnen die Rede, was wiederum in Anbetracht der Tatsache, dass es sich um junge Unternehmen mit knappen Ressourcen handelt, nicht überraschend erscheint.

Auf Basis der Ergebnisse kann Forschungsfrage 2.4 ‚Auf welche Weise findet eine Abstimmung der externen Kommunikation im Sinne der integrierten Kommunikation statt, sofern eine solche vorgenommen wird?' beantwortet werden. Keiner der Befragten spricht bewusst von integrierter Kommunikation, was darauf hindeutet, dass dieses Konzept unter Umständen nicht bekannt ist. Hierfür spricht auch, dass nicht immer auf die vier für die Harmonisierung der Kommunikationsaktivitäten typischen Integrationsformen der formalen, inhaltlichen, zeitlichen und dramaturgischen Integration eingegangen wird, obwohl explizit nach diesen gefragt wird. Es ist zu vermuten, dass einige der Befragten womöglich unsicher sind und sich vorher über dieses Thema wenig Gedanken gemacht haben. Dies ist vor allem verwunderlich, betrachtet man die drei Startups, in denen die Kommunikation von Experten verantwortet wird, von denen zwei ein kommunikationswissenschaftliches Studium absolviert haben. Festzuhalten ist, dass sich die Behauptung von Bruhn (2008a) aus Kapitel 3.D.I bestätigt, formale Abstimmung, die häufig umgesetzt wird, gelinge am einfachsten (S. 521). Daneben gilt inhaltliche Abstimmung als wichtig, während zeitliche und dramaturgische Integration eher weniger relevant sind. Hinsichtlich der von Zerfaß (2014) geforderten Integration, die das Kommunikationsmanagement betrifft, kann keine adäquate Aussage getroffen werden, da nur in zwei Unternehmen mehrere interne Kommunikationsverantwortliche vorhanden sind (S. 57). Lediglich in U2 deutet sich an, dass eine Steuerung durch eine höhere Stelle, nämlich durch den Gründer, vorgenommen wird. In U8 ist dagegen keine übergeordnete koordinierende Instanz vorhanden. Diese ist in Startups wohl kaum notwendig, wenn nur einer oder wenige interne Hauptverantwortliche für Kommunikation zuständig sind. Die in Kapitel 3.D.I aufgestellte Vermutung, dass eine Integration der Kommunikationsmaßnahmen unter Umständen nicht bewusst stattfindet, bestätigt sich nur für zwei Startups (U1, U4). Da B8 angibt, aufgrund der Verteilung der Verantwortlichkeiten auf zwei Personen keine Abstimmung durchzuführen, kann im Umkehrschluss vermutet werden, dass dies anders wäre, eben automatisch, wäre nur eine Person für die Kommunikation verantwortlich. Dagegen wird in den anderen Unternehmen durchaus darauf geachtet, dass Kommunikation zumindest in Teilen abgestimmt ist. Der in Kapitel 2.D angesprochenen Vermutung von Fischbach und Mack (2008), dass eine Integration unbewusst stattfinde, wenn die Kommunikationsverantwortung bei einer Person liege, kann damit nicht zugestimmt werden (S. 120-121). Ob integrierte Kommunikation erfolgt, scheint weder in Zusammenhang mit Alter und Entwicklungsphase noch mit der Unternehmensgröße zu stehen. Auch der Aspekt, ob verschiedene Mitarbeiter mit Kommunikationsaufgaben betraut sind, liefert keine zufriedenstellende Begründung. Denn von den Startups, in denen mehrere Kommunikationsverantwortliche arbeiten, erfolgt in einem Abstimmung, in einem anderen nicht. Festzuhalten ist, dass in denjenigen Startups mit Kommunikationsexperten immer auf koordinierte Kommunikation geachtet und diese hier als besonders wichtig empfunden wird. Letztlich scheint also auch hier die Frage der personellen Ressourcen, ob Kommunikationsexperten vorhanden sind oder nicht, eine Rolle zu spielen.

IV Zusammenfassende Erkenntnisse zur Kommunikationsstrategie von Startups

Innerhalb der einzelnen Kapitel wurde sehr ausführlich auf die relevanten Aspekte eingegangen, weshalb diese hier nicht mehr erläutert werden. Da all diese Komponenten sich aber auf die übergeordnete Forschungsfrage 2 beziehen – ‚Welche Kommunikationsstrategie verfolgen Startups in der externen Unternehmenskommunikation?' – werden die wichtigsten Erkenntnisse zusammenfassend dargestellt. So ist festzuhalten, dass alle Startups ökonomische Zielgruppen nennen, insbesondere Kunden als Kommunikationszielgruppe, Kooperationspartner und Medien jedoch bei einigen ebenfalls eine wichtige Rolle einnehmen. Dabei sind letztere vor allem als Multiplikatoren und weniger als eigenständige Zielgruppe relevant. Kooperationspartner wiederum werden vor allem von Startups, die sich in einer fortgeschrittenen Entwicklungsphase befinden, angesprochen. Auch Investoren stellen für Unternehmen, die auf Finanzierung angewiesen sind, eine wichtige Zielgruppe dar, da diese Startups selbst nur geringe Ressourcen zur Verfügung haben. Dabei gelten Investoren als eine besondere Zielgruppe, die man auf spezielle Art und Weise anspricht, wie Kapitel 6.B.IV zeigen wird. Hinsichtlich der Ziele bleibt festzuhalten, dass ökonomische Ziele wie Kundengewinnung und Absatz- und Umsatzsteigerung an oberster Stelle angesiedelt sind und von allen Startups verfolgt werden. Verwunderlich ist dies nicht, da Startups zunächst wirtschaftlich überleben und sich etablieren müssen. Außerdem dürfte der ökonomische Aspekt für das von Startups angestrebte überproportionale Wachstum auch überproportional wichtig sein. Insgesamt können zwei Gruppen ausgemacht werden, von denen sich eine vornehmlich auf das Erreichen ökonomischer Ziele beschränkt, während in der zweiten Gruppe vielfältigere Ziele angestrebt werden. Wie vielfältig und wichtig diese anderen Ziele sind, dürfte in Gruppe zwei unter anderem mit dem Geschäftskonzept und der Stufe des Unternehmenslebenszyklus, in dem sich das jeweilige Startups befindet, zusammenhängen. Woran es liegt, dass in Gruppe eins ökonomische Aspekte immer zu dominieren scheinen und darüber hinaus andere Ziele, die später hinzukommen, letztlich ausschließlich hierauf ausgerichtet sind und scheinbar keine Ausdifferenzierung der Ziele erfolgt, bleibt offen. Eine Klärung dieser Frage obliegt nicht dieser Arbeit. Hierfür müsste tiefer und vermehrt in eine wirtschaftswissenschaftliche Richtung geforscht werden.

Hinsichtlich der strategischen Planung bleibt zu sagen, dass diese vor allem in denjenigen Startups professionell durchgeführt wird, die Kommunikationsverantwortliche mit Kommunikationshintergrund zu ihren Mitarbeitern zählen. Die anderen Startups halten eine Konzeption zwar für nützlich, planen Kommunikation aber dennoch weniger systematisch. Auffällig ist, dass die Startups, in denen Mitarbeiter mit Kommunikationsexpertise tätig sind, auch besonderen Wert auf die Abstimmung der Kommunikationsmaßnahmen legen. Dies ist wenig überraschend, da die Maßnahmen in diesen Startups anhand eines Kommunikationskonzeptes geplant werden und dementsprechend schon in diesem Rahmen auf eine Abstimmung geachtet werden dürfte. Doch auch die Verantwortlichen der anderen Startups sind sich bewusst, dass die Kommunikation nach außen einheitlich sein und letztlich nicht kontrovers auf verschiedene Ziele hinarbeiten sollte. Besonders wichtig sind inhaltliche und formale Integration, wobei letztere vor allem deshalb durchgeführt wird, weil sie besonders leicht umsetzbar ist. So werden Überlegungen zum Corporate Design, nach denen sich auch die gestalterischen Aspekte der Kommunikation richten, für gewöhnlich bereits angestellt, wenn das Unternehmen gegründet wird, ohne dass hier schon die Kommunikation mitbedacht wird. Interessant erscheint, dass nur wenige Befragte angeben, eine Abstimmung der Kommunikation fände automatisch und damit eher unbewusst statt, da es nur einen Kommunikationsverantwortlichen gebe. Überwiegend werden Kommunikationsmaßnahmen also bewusst abgestimmt, sofern dies möglich ist. Startups verfolgen damit eine Kommunikationsstrategie, die in der Regel nicht sehr detailreich geplant wird, sondern eher auf einer Idee oder einem groben Konzept beruht.

B Verständnis von externer Unternehmenskommunikation in Startups

Dieses Kapitel widmet sich der Forschungsfrage, die sich mit dem Verständnis von Unternehmenskommunikation und deren Teilbereichen befasst. Es soll geklärt werden, auf welche Weise Startups kommunizieren, in welchem Verhältnis mögliche Teilbereiche stehen, welche Relevanz diesen und der Unternehmenskommunikation im Allgemeinen zukommt und welche Rolle IR innerhalb der Unternehmenskommunikation spielt.

I Kommunikationsweise von Startups

Um herauszufinden, ob eine idealtypische Kommunikationsweise in Startups existiert, wurden verschiedene, für die jeweiligen Kommunikationsmodelle nach Grunig und Hunt (1984) und PR-Stile nach Zerfaß (2010) typische Beschreibungen herausgegriffen und abgefragt.

Kommunikation, die auf gegenseitiges Verständnis angelegt ist, bevorzugen sieben der zehn Befragten (B2, B3, B4, B5, B7, B8, B10). Diese sei vor allem relevant, wenn Entscheidungen getroffen werden, „die bei den Nutzern irgendwie negativ aufschlagen könnten" (B2) oder wenn Fehler geschehen (B2). So soll Bezugsgruppen der Grund für bestimmte Entscheidungen erklärt werden (B2, B4). Der hohe Stellenwert der Erzeugung von Verständnis dürfte auch mit dem Innovationscharakter und dem Status von Startups als junge und unbekannte Unternehmen zusammenhängen. Für sie ist es zum einen wichtig, Bezugsgruppen zu zeigen, welchen Mehrwert das Produkt oder die Dienstleistung bieten, um sich in gewisser Weise unersetzlich zu machen. Auf der anderen Seite erhöht sich die Toleranz gegenüber etwaiger Fehler oder Entscheidungen, die nicht im Sinne von Zielgruppen sind, durch ein grundlegendes Verständnis. Dies ist für Startups besonders relevant, die sich erst noch etablieren müssen und auf die Unterstützung ihrer Zielgruppen angewiesen sind. Bekräftigt wird diese Annahme durch die Aussage von B3, der angibt, Verständnis führe letztendlich dazu, dass „der Kunde kauft" (B3). Doch nicht alle Startups wollen verständnisorientiert kommunizieren. So wird es zwar als positiv gewertet, wenn die Bezugsgruppen „verstehen, was wir machen, wie es funktioniert" (B1) und auch umgekehrt ein Verständnis aus Unternehmenssicht herrscht. Dies wird aber nicht bewusst initiiert (B1, B6, B9). Verständnisorientierte Kommunikation ist dennoch sehr relevant, da sie von keinem Interviewpartner abgelehnt wird, sieben Befragte dagegen vollkommen zustimmen.

Um gegenseitiges Verständnis zu erzeugen, ist dialogische Kommunikation, die Feedback einschließt, von Bedeutung. Dieses ist erwünscht und wird teilweise aktiv eingefordert (B4). Dementsprechend stimmt die Mehrheit der Befragten einem Dialog zu (B6, B7) oder voll zu (B1, B2, B3, B4, B5, B9, B10) während nicht (B3, B5, B7) oder überhaupt nicht (B1, B2, B4,

B9, B10) auf Ein-Weg-Kommunikation gesetzt wird. B8 wünscht sich vermehrt Dialog, da dieser „tatsächlich relativ wenig statt[findet]“ (B8). Teilweise geben die Befragten an, dennoch Ein-Weg-Kommunikation zu nutzen (B3, B5, B6, B7, B8). Dies schließe dialogische Kommunikation laut B6 und B8 aber nicht aus. Bei genauerer Betrachtung der verwendeten Kommunikationsmaßnahmen, die im Anhang in Abschnitt A in Tabelle 12 zu finden sind, wird deutlich, dass alle Startups, selbst wenn dies nicht explizit angegeben wird, Ein-Weg- und Zwei-Wege-Kommunikation nutzen. Da die Intensität des Einsatzes aber nicht abgefragt wurde, lässt sich aus den Kommunikationsmaßnahmen alleine nicht schließen, welche Form der Kommunikation tatsächlich überwiegt. Obwohl alle Unternehmen beide Kommunikationsformen anwenden, scheint es Startups wichtig zu sein, mit ihren Bezugsgruppen in einen Dialog zu treten. Auch Befragte, deren Startups nicht auf gegenseitiges Verständnis ausgerichtet sind, betrachten Zwei-Wege-Kommunikation als adäquat. So werden Dialog und Feedback genutzt, um sich zu verbessern und auf die Wünsche von Bezugsgruppen eingehen zu können (B1, B2, B9). Außerdem sei Dialog „essenziell für ein Startup“ (B5), um entscheiden zu können, in welche Richtung sich das Unternehmen entwickeln muss (B9). Dialog und Feedback werden also unter anderem genutzt, um etwaige Fehler korrigieren und auf Bezugsgruppen reagieren zu können. Sie dient damit als eine Art Kompass, um besser beurteilen zu können, welche Entscheidungen – nicht nur hinsichtlich der Kommunikation, sondern auch in Bezug auf allgemeine Unternehmensbelange – getroffen werden sollten, um erfolgreich zu bleiben oder zu werden. Dies dürfte für Startups, die nur auf begrenzte Erfahrungswerte zurückgreifen können, maßgeblich sein.

Ferner wird Kommunikation genutzt, die Bezugsgruppen zu Gunsten des Unternehmens beeinflusst (B1, B2, B3, B5, B6, B7, B8, B9, B10). Hierbei wird darauf abgezielt, Interesse zu wecken und Kunden vom Kauf des Produktes oder der Dienstleistung zu überzeugen (B1, B3, B5, B8). B4 spricht sich zwar gegen Beeinflussung aus, da sie für ihn „so einen negativen Charakter“ (B4) habe, gibt aber an, seine Bezugsgruppen „überzeugen“ (B4) zu wollen. Von B5 ausdrücklich erwähnt wird, dass Beeinflussung „nicht in dem negativen Sinn, dass ich [...] verneble“ (B5) verstanden werde. Es ist davon auszugehen, dass die anderen Befragten dies ebenfalls so einschätzen. Denn alle geben an, Bezugsgruppen sollen sich ein eigenes Bild vom Unternehmen machen, wobei Gründe angeführt werden, die der Überzeugung dienen sollen. Dabei gelten vor allem die Qualität der Produkte oder Dienstleitungen als Argument (B2, B3, B4, B9). Hier deutet sich an, dass es auf die Wahrheit und Richtigkeit von Informationen ankommt und „nicht mit irgendeinem Blabla“ (B4) überzeugt werden soll. Einzig B7 gibt zu bedenken, „wenn sie sich schneller für mich entscheiden und sich kein eigenes Bild machen und mir einfach alles glauben, dann finde ich das auch ok“ (B7). Da Bezugsgruppen überzeugt werden sollen, überrascht es kaum, dass alle Befragten angeben, Informationen zu betonen, die für das Unternehmen vorteilhaft sind. „Das ist ja klar, macht ja jeder“ (B7) oder „da wären wir ja blöd, wenn nicht“ (B4) sind nur zwei der Antworten, die darauf hindeuten, dass dies als selbstverständlich angesehen wird. So ist es den Startups möglich, sich von Wettbewerbern abzuheben (B3). B2 gibt als einziger an, auch auf Risiken hinweisen zu müssen, was nachteilig für das Unternehmen sein könne. Dieser Umstand ist auf das Geschäftsmodell zurückzuführen. Denn das Startup betreibt einen Marktplatz, auf dem Privatverkäufe getätigt werden, weshalb es B2 als seine Pflicht ansieht, Aufklärung zu leisten. Obwohl angenommen werden könnte, dass auch auf gewisse Risiken, beispielsweise bezüglich des Datenschutzes oder Online-Transaktionen, hingewiesen werden sollte, scheinen die anderen Befragten dies nicht zu bedenken. Dies mag unter anderem daran liegen, dass trotz der Betonung vorteilhafter Informationen, deren Wahrheit und Richtigkeit gewährleistet sein muss (B3). So sprechen sich bis auf einen Interviewpartner, der eine neutrale Haltung einnimmt (B1), alle dafür aus, den Wahrheitsgehalt der Kommunikation zu beachten. Dieser scheint eine grundlegende Komponente in der Kommunikation der Startups zu sein, denn „wenn du nicht ehrlich bist, dann ist das ein Selbstmord auf Raten“ (B5). Wahrheit sei „gerade bei […] einer Firma, die gerade entsteht oder quasi auf den Markt kommt, […] extrem wichtig“ (B3). Unter der Unwahrheit würden die Marke und damit das Unternehmen leiden (B4). Wahrheit sei vor allem in der „digitalen Ära“ (B5) sehr wichtig, da jeder die Möglichkeit habe, Informationen zu recherchieren (B5, B9). Früher habe man sich „immer besser dargestellt, als man tatsächlich war“ (B5). Dies sei „heutzutage, wo jeder alles überprüfen kann und nachgucken kann, nicht mehr“ (B5) möglich. Auch B1 gibt an, dass alle Informationen der Wahrheit entsprechen müssen, bemerkt jedoch, dass besonders in der Werbung nicht alles offengelegt werde, was seine neutrale Haltung erklärt. B2 geht ebenfalls auf diesen Aspekt ein, führt aber sofort an, ansonsten „absolut ehrlich und absolut auch authentisch gegenüber unseren Nutzern“ (B2) zu sein. Entsprechend bestätigen alle Befragten, selbst diejenigen, die hinsichtlich des Wahrheitsgehaltes auf einen gewissen Spielraum in der Werbung verweisen, dass Informationen korrekt sein müssen. Startups legen also insgesamt großen Wert auf korrekte und wahrheitsgemäße Kommunikation. Durch diese kompetent und aufrichtig zu erscheinen, dürfte für alle Startups relevant sein, nicht nur für diejenigen, die mit vermeintlich heiklen Themen wie Finanzen, Transaktionen oder Gesundheit in Verbindung stehen oder die besonders innovative Produkte oder Dienstleistungen anbieten. So kann man sich als aufrichtiger und kompetenter Gesprächspartner positionieren und das Vertrauen der Zielgruppen gewinnen.

Hinsichtlich der Objektivität stellt sich ein anderes Bild dar. Nach B9 impliziert der notwendige Wahrheitsgehalt von Informationen deren Objektivität. B5 spricht in diesem Zusammenhang von „Ehrlichkeit und Aufrichtigkeit" (B5). B4 stimmt zu, dass Informationen sowohl korrekt als auch objektiv sein müssen, ohne dies näher zu erläutern. Entweder setzt auch er Objektivität mit Korrektheit gleich oder betrachtet erstere als nebensächlich und geht deshalb nicht hierauf ein. B1 äußert sich zur Bedeutung objektiver Informationen ausführlicher. Er sieht es als Aufgabe des Unternehmens, solche zu vermitteln, da das Startup auf seiner Website Preisvergleiche anbietet. Damit spricht er jedoch Kommunikation an, die das Geschäftskonzept impliziert und nicht externe Unternehmenskommunikation. Die anderen Befragten machen deutlich, dass Objektivität in ihrer Kommunikation nicht von Bedeutung ist. Es geht eher darum, Informationen ansprechend (B3), statt sachlich und nüchtern (B2) zu vermitteln. Objektiv zu kommunizieren, wird nicht als Aufgabe des Unternehmens angesehen (B8), denn „ein Journalist weiß immer, dass [...] ich ein Interesse habe. Und sozusagen zu versuchen, die andere Seite einzuholen, [...] das ist irgendwie dessen Aufgabe. [...] Objektivität kann ich ja nicht liefern" (B7). Wird Objektivität unter diesem Gesichtspunkt betrachtet, dürfte es sich so darstellen, dass diese auch bei den Befragten, die dem Objektivitätskriterium zustimmen, in der Realität nicht umsetzbar ist. Schließlich betonen auch sie vorteilhafte, eher subjektive Informationen. Ein solches Auftreten dürfte allerdings auch nicht sehr relevant sein, um als kompetent zu gelten oder Kunden zu gewinnen. Schließlich ist davon auszugehen, dass Zielgruppen nicht unbedingt objektive Informationen verlangen. Vielmehr ist zu vermuten, dass eine subjektive Sichtweise vor allem bei Startups zu erwarten ist. Grund hierfür ist, dass die Mitarbeiter – insbesondere die Gründer selbst – hier wahrscheinlich aus einer inneren Überzeugung heraus arbeiten, also eine noch stärker subjektive, positiv geprägte Sicht auf das Unternehmen, seine Produkte und Dienstleistungen haben, als dies in anderen Unternehmen zutrifft. Korrekt oder gegebenenfalls objektiv zu kommunizieren, bedeutet noch nicht, dass auch umfassend über das Startup selbst informiert wird. Ein umfassendes Unternehmensbild wollen lediglich zwei Befragte (B2, B4) präsentieren, um „so ein bisschen das Drumherum" (B4) zu erklären. B3 stimmt dem grundsätzlich zu, betont aber, dass das Produkt momentan im

Vordergrund und das Unternehmen dahinter zurückstehe. Die anderen Befragten möchten kein zu umfassendes Bild präsentieren, da nicht alle Aspekte für externe Bezugsgruppen relevant (B1, B6) oder für die Außenwelt bestimmt seien (B8). Außerdem solle unnötige Komplexität vermieden werden (B5, B6, B7).

Um Aufschluss über die Kommunikationsweise zu erlangen, wurde ferner abgefragt, ob Unternehmensinteressen von größerer Bedeutung sind als Interessen der Stakeholder, da dies auf eine asymmetrische beziehungsweise persuasive Kommunikation hindeuten könnte. Hier unterscheiden einige Interviewpartner zwischen Interessen von Investoren und anderen Stakeholdern. Bezüglich der Interessen von Kapitalgebern muss zunächst darauf hingewiesen werden, dass diese für einige der Startups keine Relevanz haben, da keine Investoren vorhanden sind (U4, U5, U7) und dies auch nicht angestrebt wird (U5, U7). Drei andere Befragte stellen Interessen von Investoren über ihre Unternehmensinteressen (B1, B2, B6), weil „wir Geld von denen bekommen“ (B6). Aus den Aussagen zweier weiterer Interviewpartner kann dies ebenfalls geschlossen werden. So gibt B3 an, dass auf die Ziele der Investoren hingearbeitet würde. Auch für B10, der sofort auf die Investoren als Stakeholder eingeht, sind deren Interessen „am allerwichtigsten“ (B10). Er betont, dass es keinen Konflikt zwischen Unternehmens- und Investoren-Interessen gebe, da diese sich decken. Weitere Befragte (B8, B9) gehen hier nicht auf Investoren ein, was zum einen darauf hindeuten könnte, dass die Investoren-Interessen als irrelevant gelten, was unwahrscheinlich erscheint. Es könnte ferner bedeuten, dass deren Interessen als in das Startup integriert angesehen werden, was wahrscheinlicher sein dürfte. Auf IR wird in Kapitel 6.B.IV noch genauer einzugehen sein. Dagegen gehen alle Interviewpartner auf das Verhältnis zu Kundeninteressen ein, wobei sich ein ambivalentes Bild ergibt. Für B1, B5 und B8 sind Unternehmensinteressen von größerer Bedeutung als Kundeninteressen. Diese Sichtweise wird jedoch relativiert, da dies für B5 als Idealzustand gilt, wohingegen „die Wahrheit [...] wahrscheinlich [...] genau andersrum ist“ (B5). Dies deutet darauf hin, dass sich der Befragte darauf besinnt, dass besonders junge und unbekannte Unternehmen auf ihre Stakeholder – in diesem Fall Kunden – angewiesen sind. Andere messen den Kundeninteressen einen hohen Stellenwert bei (B2, B3, B4, B6, B7, B9). Einige Befragte geben an, Kunden- und Unternehmensinteressen seien deckungsgleich oder gehen miteinander einher (B2, B4, B6, B9, B10), da „meine Unternehmensinteressen [...] ausgerichtet [sind] an den Stakeholdern“ (B6), weshalb kein Konflikt entstehe und damit den Unternehmensinteressen keine höhere Bedeutung beigemessen werden müsse. Weiterhin werden

Interessen der Journalisten von B3 erwähnt, welche er ebenfalls nicht in Konflikt mit den Unternehmensinteressen sieht. B8 führt eigene Klienten, bei denen es sich um Künstler handelt, an und misst deren Belangen größere Bedeutung bei als den Unternehmensinteressen, wohl um die Klienten gewissermaßen zu schützen, denn „das System beutet die genug aus“ (B8).

Forschungsfrage 1.1 ‚Existiert eine idealtypische Kommunikationsweise in Startups und wenn ja, welche?‘ ist zunächst mit ‚nein‘ zu beantworten. Allerdings kann diese Antwort nicht undifferenziert hingenommen werden. Generell streben Startups symmetrische und argumentative Kommunikation an. Warum dies der Fall ist, findet bereits an einigen Stellen Erwähnung, wobei kein klarer Zusammenhang zwischen dieser Art von Kommunikation und den Variablen *Alter*, *Unternehmensgröße* und *Stufe im Unternehmenslebenszyklus* zu erkennen ist. Für symmetrische Kommunikation spricht, dass die Befragten Feedback als wichtig erachten und alle Startups einen mehr oder weniger intensiven Dialog mit ihren Zielgruppen pflegen oder anstreben. Dies bestätigt das Ergebnis von Zerfaß et al. (2015) aus Kapitel 2.D, die angeben, in kleinen Unternehmen herrsche ein dialogorientiertes Kommunikationsverständnis (S. 20, 22). Außerdem achtet die Mehrheit in der Kommunikation auf gegenseitiges Verständnis. Dies ist nicht verwunderlich in Anbetracht der Tatsache, dass innovative Produkte, Dienstleitungen oder Geschäftsmodelle und das Unternehmen an sich erklärt und idealerweise von den Bezugsgruppen verstanden werden sollen. Es ist zu vermuten, dass die doppelte Unbekannte (unbekanntes Produkt und unbekanntes Unternehmen) den Zielgruppen durch symmetrische Kommunikation insgesamt verständlicher gemacht und nähergebracht werden kann. Ferner kann das Wachstumsstreben durch diese Kommunikation unterstützt werden, denn Startups sind auf das Wohlwollen und Handlungen – vor allem den Kauf – durch die Zielgruppen angewiesen, um zu wachsen. Dialogische beziehungsweise symmetrische Kommunikation wird auch im Relationship Marketing angewandt. Interessant erscheint, dass sich die Startups, die überwiegend Ziele verfolgen, die dem Transaktionsmarketing zuzuordnen sind, ebenfalls symmetrischer Kommunikation bedienen. Dies spricht für eine gewisse Weitsicht. Zudem können junge Unternehmen durch symmetrische Kommunikation ihren Mangel an Erfahrung ausgleichen, da sie im Dialog und durch Feedback Bezugsgruppen, die letztlich durch Konsum, Investition oder Partnerschaft zum Überleben des Startups beitragen, nicht nur überzeugen, sondern auch deren Meinungen abschätzen und aufnehmen können. Darüber hinaus können eigene Fehler korrigiert werden. Kommunikation kann also helfen, das Angebot zu verbessern, um Kunden zu gewinnen und zu binden. Außerdem zeigen Unternehmen durch

Dialog, dass sie ihre Bezugsgruppen ernst nehmen und einbinden möchten, was sicherlich die Loyalität steigern kann. Eine Verpflichtung zur dialogischen Kommunikation mit Kooperationspartnern sollte außer Frage stehen. Immerhin müssen gemeinsame Entscheidungen getroffen werden. Auch potenzielle Investoren dürften eher durch Dialog zu gewinnen sein als über Ein-Weg-Kommunikation, da eine gewisse Überzeugungskraft und Erklärungen seitens der Startup-Verantwortlichen hierfür von Nöten sind. Diese Aspekte sprechen zusammen mit der Tatsache, dass Bezugsgruppen zwar überzeugt werden sollen, dies aber durch gute Begründung geschehen soll, für symmetrische und argumentative Kommunikation.

Weiterhin sind der Wahrheitsgehalt und damit die Richtigkeit von Informationen von großer Bedeutung, was einer Einordnung in das Publicity-Modell entgegensteht. Dafür würde zwar sprechen, dass vorteilhafte Informationen grundsätzlich betont werden. Jedoch wird dies durch die hohe Bedeutung des Wahrheitsgehaltes und das Bewusstsein relativiert, dass den Bezugsgruppen zusätzliche Informationsmöglichkeiten zur Verfügung stehen. Die Vermutung aus dem Theorieteil, nach der Startups vor allem die Kommunikationsweise des Publicity-Modells nutzen, um zunächst Aufmerksamkeit zu erzeugen, kann damit nicht bestätigt werden. Die Relevanz der Zwei-Wege-Kommunikation steht ebenfalls im Widerspruch zu einer Einordnung in das Publicity-, aber auch in das Informationstätigkeitsmodell. Hinsichtlich der Objektivität, die in letzterem bedeutsam wäre, ergibt sich ein ambivalentes Bild. U4, U5 und U9, die alle 2014 gegründet wurden und sich in der Startup-Phase (U5, U9) oder Frühentwicklungsphase (U4) befinden, sprechen sich eher für Objektivität aus. Unter Umständen halten sehr junge Unternehmen diese für notwendig, um glaubwürdig, kompetent und vertrauenserweckend zu erscheinen. Ob hier tatsächlich ein Zusammenhang besteht, sollte anhand einer größeren Stichprobe überprüft werden. Ambivalent sind auch die Meinungen bezüglich der Notwendigkeit, die Öffentlichkeit umfassend über das Unternehmen zu unterrichten. Korrekt sollten Informationen dagegen sein, wobei nicht alles preisgegeben werden muss. Die Annahme, dass korrekte Informationen aufgrund des innovativen Charakters für Startups besonders relevant sind, liegt nahe. Dies deutet auf das Informationstätigkeitsmodell hin, wobei korrekte Informationen gleichfalls innerhalb anderer Modelle relevant sein können. Ein rein informativer Stil ist beispielsweise auch wegen der gewünschten Beeinflussung auszuschließen. Hinsichtlich des asymmetrischen Modells und des persuasiven Stils herrscht ebenfalls eine gewisse Ambivalenz. So sind Unternehmensinteressen zumeist von geringerer Bedeutung als die der Investoren, was diesem Modell entgegensteht. Bezogen auf Kunden kann jedoch keine einheitliche Meinung ausgemacht werden. Tendenziell werden Kundeninteressen als wichtiger oder deckungsgleich mit Unternehmensinteressen angesehen. Asymmetrische Elemente, von denen in Kapitel 3.D.II vermutet wird, dass sie relevant sind, um Bezugsgruppen zu beeinflussen und sich zu etablieren, sind, obgleich nicht immer eindeutig, zu finden. So spricht für das asymmetrische Modell, dass die Startups das Verhalten ihrer Bezugsgruppen zu ihren Gunsten beeinflussen wollen, was darauf hindeutet, dass das Modell auf grundlegende Marketingprinzipien zurückgreift (vgl. Kapitel 3.D.II). Damit spielen auch persuasive Aspekte in der Kommunikation der befragten Unternehmen eine Rolle, was die Vermutung bestätigt, dass diese für Startups mit geringer Nutzer- oder Kundenzahl nicht unerheblich sind.

Nicht abgefragt wurde, ob die verschiedenen Kommunikationsstile innerhalb der Marketingkommunikation oder PR angewandt werden, was allerdings nicht Ziel der Untersuchung war, da die Kommunikationsweise im Allgemeinen überprüft werden sollte. Wie in Kapitel 3.D.I dargelegt, ist Marktkommunikation nach Zerfaß (2010) überwiegend persuasiv, während PR darüber hinaus argumentativ und informativ sein kann (S. 299, 350-351). Doch schon der Versuch der Abgrenzung in Kapitel 3.B zeigt, dass die Grenzen zwischen beiden Bereichen fließend sind, was auch vor den Kommunikationsstilen nicht Halt machen dürfte. Dies wird bestätigt, bedenkt man, dass auch die Startups mit vorwiegend transaktionalen Zielen und Zielgruppen, die sich nach Zerfaß (2010) im Marktumfeld befinden, dialogisch kommunizieren.

II PR und Marketingkommunikation – was Startups darunter verstehen

Um auf das Kommunikationsverständnis und die Aspekte, die sich auf dieses auswirken, eingehen zu können, wird beleuchtet werden müssen, welche Teilbereiche externer Unternehmenskommunikation genannt und wie diese definiert werden. Auf PR und Marketingkommunikation wird in allen Interviews eingegangen, wobei alle Interviewpartner angeben, Marketingkommunikation zu betreiben. PR wird dagegen nach eigener Aussage in U1 noch nicht genutzt. In den anderen Unternehmen ist das in unterschiedlichem Ausmaß bereits der Fall. Auf weitere Kommunikationsbereiche gehen fünf der Interviewpartner ein, führen dies aber meist nicht umschweifend aus. So befindet B2, das Produkt selbst, also die Website, die betrieben wird, und damit die Marke, sei „an sich ein Kommunikationstool“ (B2) und gelte als eigener Bereich. Drei Befragte (B6, B8, B10) erwähnen Vertriebskommunikation, wobei auf diese meist nicht näher eingegangen wird. Auch in dieser Arbeit soll sie nicht tiefergehend behandelt werden, da sie – wie der Name schon sagt – Vertriebszwecken dient. Wieso sie dennoch in Bezug auf externe Unternehmenskommunikation für einzelne Startups relevant ist, findet im weiteren Verlauf Erwähnung.

Alle Befragten verstehen Marketingkommunikation als den Kommunikationsbereich, der spezifischer auf die genau definierte Zielgruppe der Kunden ausgerichtet ist. Dies entspricht dem in Kapitel 3.B in Tabelle 3 aufgeführten traditionellen Verständnis von Marketingkommunikation. Vor allem B1, B4 und B6 betonen dies, denn mit Marketingkommunikation sollen Nutzer beziehungsweise „Kunden gezielt" (B6) angesprochen werden, „die so transaktional sind, die kurz davor sind zu kaufen" (B1). Aufgrund der Ausrichtung auf Kunden, seien Maßnahmen der Marketingkommunikation „viel mehr noch auf den Verkaufsaspekt" (B8) ausgelegt und „super verkaufslastig" (B3). Der Begriff Marketing sei in der „Startup-Welt" (B5) durch Growth-Hacking ersetzt worden, um auszudrücken, dass „mit wenig Geld möglichst große Wachstumseffekte" (B5) erzielt werden sollen. Hier zeigt sich das in Kapitel 3.B angesprochene Problem der Begriffsverwirrung, da der Befragte von Marketing spricht, statt von Marketingkommunikation. Da seine Ausführungen aber auf Kommunikation bezogen sind und er sich als Kommunikationsverantwortlicher sieht, ist davon auszugehen, dass er Marketing und Marketingkommunikation synonym verwendet. Dies ist auch in den anderen Interviews aufgefallen. B5 gibt darüber hinaus an, Marketing betreffe alle Bereiche, sodass schon bei der Entwicklung sichergestellt werden müsse, dass eine adäquate Kommunikation über das Produkt möglich sei. Hier deutet sich an, was sechs weitere Befragte aussagen: Marketingkommunikation sei eher produktbezogen (B2, B3, B7, B8, B9, B10). Man vermarkte durch sie das Produkt „mit seinen Vorteilen" (B3) und wolle „ein Gefühl [...] für unser Produkt [...] [und] dieses haben-wollen-Gefühl" (B2) erzeugen. Innerhalb der Marketingkommunikation betreiben die Startups unter anderem Suchmaschinenmarketing (SEM) (U1, U2, U3, U4, U5), Online-Werbung (B4, B5, B6, B7, B8, B9), E-Mail-Marketing (B1, B2) und versenden Newsletter (B1, B2, B3). Von B7 wird letzteres jedoch nicht klar einem Teilbereich der Unternehmenskommunikation zugeordnet. Sofern sie genutzt werden, gelten Maßnahmen im Rahmen von Social Media überwiegend als Marketingkommunikation (B1, B2, B5, B6, B9, B10). B7 macht hierzu keine Angabe und für B8 ist Social Media Teil der PR. Die Zuordnung der einzelnen Maßnahmen zu einem Bereich, wie sie die Befragten teilweise vornehmen, ist im Anhang in Tabelle 12 (Abschnitt A) zu finden, soll hier aber nicht weiter vertieft werden.

Im Gegensatz zur Marketingkommunikation richtet sich PR laut der Befragten nicht direkt an Kunden, sondern an andere Bezugsgruppen, was mit den Kriterien in Tabelle 3 in Kapitel 3.B übereinstimmt und PR von Marketingkommunikation abgrenzt. Einige Interviewpartner versuchen PR über das Aufgabengebiet zu definieren und verstehen hierunter die bewusste Herausgabe von Informationen mit der Intention, dass darüber berichtet wird (B1, B4, B6). Eine solche Sichtweise ist eher dem Transaktionsmarketing zuzuordnen. Grund ist, dass sie an das in Kapitel 3.C erwähnte Verständnis von Hollensen und Opresnik (2010), die PR mit Presse- und Medienarbeit gleichsetzen, erinnert (S. 275). B1 betont, bei PR handele es sich primär um klassische Pressearbeit. Sie betreffe darüber hinaus aber jeden „x-beliebigen Dritten, der Reichweite hat" (B1). Für B5 habe PR „vor allem früher mit Presse zu tun gehabt" (B5). Heute sei „Multiplikatoren-Kommunikation, also PR 2.0" (B5) treffender. Pressearbeit, und damit im „klassischen Sinne [...] Pressemitteilungen an Journalisten" (B2), ist auch für B2 ein Bestandteil von PR. Er nähert sich einer Definition zusätzlich über den Bezug der Kommunikation zum Unternehmen. So erzähle man mit „PR tatsächlich immer eine einheitliche Story über uns, was uns ausmacht" (B2), sodass eine Vorstellung vom Unternehmen entstehe. Dabei spricht PR Menschen an, die noch nicht als Zielgruppe definiert wurden, während Marketingkommunikation eher auf eine vorher definierte Zielgruppe ausgerichtet ist (B2, B10). Ähnlich sehen B3 und B8 PR als „allumfassende Markenkommunikation" (B3), die „im Fokus zum Unternehmen" (B3) stehe und für das „Präsentieren des Unternehmens nach außen" (B8) zuständig sei, sowie als „Verbindungen, die man mit der Öffentlichkeit hat" (B8). Die Äußerungen weiterer Befragter deuten gleichfalls auf den Unternehmensbezug hin. Denn während Marketingkommunikation auf das Produkt bezogen sei, ist im Hinblick auf PR vom „Drumherum" (B4, B9) die Rede, „um von sich ein Bild in der Öffentlichkeit" (B7) und ein „Grundrauschen" (B7, B9) zu erzeugen, indem „alles ein bisschen breiter" (B9) gestreut werde. PR wird darüber hinaus eine gewisse „Newsworthiness" (B10) zugesprochen.

PR betrifft also nicht nur direkt die Kundenansprache, sondern streut breiter und richtet sich auch an Menschen, die nicht den definierten Zielgruppen entsprechen. Dabei steht sie häufig in Bezug zum Unternehmen als Ganzes und ist weniger produkt- beziehungsweise verkaufslastig. Auffällig ist, dass das Aufgabengebiet der Media Relations, auch wenn man einen Blick auf die Kommunikationsmaßnahmen (vgl. Tabelle 12 im Anhang,

Abschnitt A) wirft, häufig als PR angesehen wird und daneben nur vereinzelt (U3, U8, U9, U10) weitere, der PR zugeordnete Maßnahmen existieren. An dieser Stelle wird an die PR-Definition von Röttger et al. (2014) erinnert, nach der PR Kommunikationsbeziehungen zwischen Unternehmen und Umwelt herstellt und organisationale Interessen vertritt (S. 27). Die Umwelt kann nicht als genau definierte Zielgruppe betrachtet werden, was für eine eher breitere Ansprache spricht, wie sie die Befragten angeben. Weiterhin könnte aufgrund der Aussage von Röttger et al. (ebd.), PR vertrete organisationale Interessen und stelle Kommunikationsbeziehungen her, davon ausgegangen werden, dass sie weniger produktbezogen ist, sondern allgemeine Unternehmensbelange im Blick hat. Dies wird auch vom Großteil der Interviewpartner erwähnt. Dabei sprechen sie nicht immer explizit von Beziehungen, die durch PR hergestellt werden. Tendenzen zum kommunikationswissenschaftlich geprägten Verständnis von PR nach Röttger et al. (ebd.) sind also insgesamt vorhanden, aber durch bestimmte Aspekte eingeschränkt, wie beispielsweise der teilweisen Gleichsetzung der PR mit Medienarbeit.

Um eine genauere Vorstellung vom PR-Verständnis zu erhalten, werden vier verschiedene Definitionen vorgegeben, die PR jeweils in ein bestimmtes Verhältnis zu Marketingkommunikation setzen. Die Befragten sollen sich hier zuordnen. Dies ist auch für die spätere Untersuchung der Relevanz und für das Verhältnis der Bereiche von Interesse. Die vier in Tabelle 10 aufgelisteten Definitionen stehen zur Auswahl.

1	Wir verstehen **PR** als **eines unter vielen** Kommunikationsinstrumenten der **Marketingkommunikation**	Bezug zu Marketingkommunikation
	und nutzen sie, um **Unternehmensziele** wie Absatzsteigerung, Expansion und Verkaufsunterstützung zu erreichen.	Zweck
2	**PR** ist für uns ein wichtiges **Marketinginstrument**,	Bezug zu Marketingkommunikation
	das hilft, **Beziehungen** zu Kunden und anderen Anspruchsgruppen aufzubauen.	Zweck
3	**PR** ist der **Teil der Unternehmenskommunikation**, der sich auf **Zielgruppen außerhalb des Marktes** bezieht	Bezugsobjekt
	und der Markt-/Marketingkommunikation gegenübersteht, die sich wiederum auf Zielgruppen im Markt bezieht.	Bezug zu Marketingkommunikation
4	**PR** umfasst nach unserem Verständnis **sämtliche Kommunikationsmaßnahmen**,	Bezug zu Marketingkommunikation
	mit denen **Beziehungen** zu allen Anspruchsgruppen gesteuert werden.	Zweck

Tabelle 10: Vorgegebene Definitionen zur Einordnung von PR — Quelle: eigene Darstellung

Bei drei Interviewpartnern (B1, B9, B10) erzeugt zunächst die vierte Definition Zustimmung. Nach dieser umfasst PR sämtliche Kommunikationsmaßnahmen, mit denen Beziehungen zu allen Anspruchsgruppen gesteuert werden können. B1 findet diese Definition „wenn ich das hier so lese [...] am richtigsten" (B1). Sie passe jedoch nicht zu den Gegebenheiten im Unternehmen. Zwei weitere Befragte (B9, B10) erklären die vierte Definition für „wahr" (B9) oder stellen fest, „so sollte es sein" (B10). Aber sie geben an, „so weit sind wir längst noch nicht" (B10), denn „wenn man mal so weit ist, dann ist man kein Startup-Unternehmen" (B9). Da diese Definition der Sichtweise von Grunig und Hunt (1984) entspricht, kann gefolgert werden, dass einige der in Startups für die Kommunikation verantwortlichen Mitarbeiter PR zwar als allumfassende Kommunikation sehen, was jedoch nicht auf Startups zutreffen kann. Die eingeschränkte Machtposition von PR ist vermutlich fehlenden Ressourcen und Expertenwissen sowie der Priorität ökonomischer Belange geschuldet. Außerdem könnte dies darauf hindeuten, dass sich PR erst langsam entfaltet und schrittweise entwickelt.

Letztlich entscheiden sich B1, B9 und B10 sowie drei weitere Befragte (B4, B6, B7) für die erste Definition. Diese besagt, PR sei eines unter vielen Kommunikationsinstrumenten der Marketingkommunikation und würde genutzt, um Unternehmensziele zu erreichen. PR wird „als Mittel zum Zweck" (B6) verstanden oder ist „zweckorientiert" (B10), um die Aufmerksamkeit und Bekanntheit zu steigern und somit den Vertrieb zu unterstützen. Dadurch sollen wiederum Kunden beziehungsweise eine Finanzierung gewonnen werden (B6, B10). Diese Sichtweise entspricht dem Transaktionsmarketing. B7 betont, dass der Aufbau von Beziehungen gleichfalls wichtig sei. Letztendlich ginge es aber um die Erreichung der Unternehmensziele (B7). Zwei Befragte (B2, B5) stellen ebenfalls den Beziehungsaspekt heraus. Sie schließen sich jedoch der zweiten Definition an, nach der PR ein wichtiges Marketinginstrument sei, das helfe, Beziehungen zu Kunden und anderen Anspruchsgruppen aufzubauen, was dem Relationship Marketing entspricht. Dabei betont B5, dass PR untergeordnet sei, als auch, dass sie dazu diene, Beziehungen zu Multiplikatoren aufzubauen, während B2 nur den Beziehungsaspekt hervorhebt. Dieser ist auch B3 besonders wichtig. Auf die aktuelle Situation in diesem Startup treffe zu, dass sowohl PR als auch Marketingkommunikation Teile der Unternehmenskommunikation seien (Definition drei). Dies gilt auch für U8. Die ausgewählte Definition richtet sich nach dem Verständnis von Zerfaß (2010) (vgl. Kapitel 3.D.I). Den zweiten Teil der vorgegebenen Definition, der besagt, dass sich Marktkommunikation auf das Marktumfeld und PR auf das gesellschaftspolitische Umfeld beziehe, weisen die beiden Befragten bewusst zurück.

Auch hier zeigt sich wie bereits in Kapitel 6.A.I, dass die Trennung zwischen Markt und gesellschaftspolitischem Umfeld, die Zerfaß vornimmt, nicht haltbar ist.

III Verhältnis möglicher Teilbereiche der externen Unternehmenskommunikation zueinander

Die soeben behandelten Definitionen tragen zur Beantwortung der Forschungsfrage 1.2 bei, die sich mit dem Verhältnis von PR und ihren Nachbardisziplinen beschäftigt. Danach wurde direkt gefragt, wobei sich zeigt, dass die Auswahl der vorgelegten Definitionen durch die Befragten teils nicht mit ihren späteren Aussagen bezüglich des Verhältnisses von PR zu anderen Kommunikationsbereichen übereinstimmt. So schließen sich sechs der Befragten (B1, B4, B6, B7, B9, B10) der ersten und zwei (B2, B5) der zweiten Definition an. In beiden ist PR der Marketingkommunikation untergeordnet. Wird allerdings konkret nach dem Verhältnis der Kommunikationsbereiche gefragt, sehen nur vier Interviewpartner (B1, B4, B5, B6) PR als Teil der Marketingkommunikation. PR sei „letztendlich auch ein Kanal vom […] Marketing, um an meine Kunden zu kommen“ (B4) und „eine Maßnahme […] von mehreren“ (B6). Dementsprechend sei Marketingkommunikation „einfach alles“ (B1) und „PR halt nur eine Sache davon“ (B1), die ebenfalls den Unternehmenszielen verpflichtet bleibt. Anzumerken ist, dass B1 als einziger angibt, momentan noch keine PR zu betreiben. Tatsächlich nutzt er vor allem Maßnahmen, die der Marketingkommunikation zuzuordnen sind (vgl. Tabelle 12, Abschnitt A). Einzig die von ihm genannten Facebook-Posts könnten als PR angesehen werden, wobei diesbezüglich in der Theorie keine Einigkeit herrscht (vgl. Kapitel 3.B) und beispielsweise B5 sämtliche Social-Media-Maßnahmen als Marketing bezeichnet. Nachdem sich drei weitere Befragte (B7, B9, B10) der ersten Definition anschließen, sollten auch sie PR der Marketingkommunikation unterordnen, tun dies aber nicht. Sie sehen die Bereiche „als zwei Säulen“ (B9), die „sich die Hand geben“ (B9), „gewisse Überschneidungen“ (B10) beziehungsweise eine „ganz hohe Überlappung“ (B7) haben. Marketingkommunikation und PR müssen ineinandergreifen, da über ihnen eine gemeinsame Kampagne oder Idee stehe und beide letztlich auf ein gemeinsames Ziel hinarbeiten (B9). Maßnahmen des einen Bereichs können Auswirkungen auf den jeweils anderen haben, was die Effizienz erhöht, aber auch konsistente Botschaften nötig macht, da Informationen auch an Zielgruppen gelangen können, für die sie ursprünglich nicht bestimmt waren (B7, B10). Dabei trennt

B7 PR und Marketingkommunikation explizit nach Zielgruppen. So ist PR eher auf potenzielle Partner ausgerichtet, während mit Maßnahmen der Marketingkommunikation vor allem Nutzer angesprochen werden sollen (B7). B10 setzt Marketing- und Vertriebskommunikation in der frühen Phase gleich, in der sich sein Unternehmen befindet. Unter Marketingkommunikation fasst er wiederum Consumer Communications, Investor Communications und Kundenkommunikation zusammen, die für ihn ebenfalls leichte Überschneidungen mit PR aufweisen (B10). Da dieser Befragte als einziger weitere Aufteilungen der Bereiche vornimmt, dies aber nicht im Erkenntnisinteresse steht, wird auf diesen Einzelfall nicht eingegangen. Es wird deutlich, dass die von B7, B9 und B10 ausgewählte Definition, die PR der Marketingkommunikation unterordnet, nicht für diese Startups zutrifft. Doch wieso wurde sie dennoch ausgewählt? Es liegt die Vermutung nahe, dass die Befragten sich vor allem auf den zweiten Teil der vorgegebenen Definition beziehen, nach dem PR die Erreichung der Unternehmensziele unterstützt. Ersichtlich wird dies an einigen Aussagen. So wäre für B9 mit Verweis auf den anstehenden Produktlaunch „das [...] Optimum, [...] in kürzester Zeit [...] so viele Produkte wie nur möglich" (B9) zu verkaufen. Dieser Befragte gibt im weiteren Verlauf selbst an, PR sei kein Teil der Marketingkommunikation. Für B10 ist PR zweckorientiert, um Aufmerksamkeit zu erlangen, durch die Kunden und Investoren gewonnen werden. B7 spricht explizit den Vertriebsaspekt an, da sich sowohl Marketingkommunikation als auch PR letztlich „schon sehr stark dem Vertrieb" (B7) unterordnen und es am Ende immer um die Unternehmensziele gehe. Das oberste Ziel, auf das alle Kommunikationsbereiche hinarbeiten müssen, ist damit ökonomischer Natur.

In der zweiten Definition, die B2 und B5 wählen, ist PR ebenfalls ein Marketinginstrument, das aber vor allem zu Beziehungsaufbau und -pflege dient. Wird das Verhältnis angesprochen, in dem die Bereiche zueinander stehen, wird deutlich, dass nur einer der beiden Interviewpartner PR tatsächlich der Marketingkommunikation unterordnet, da für ihn „PR einfach ein Teil des ganzen Growth Hackings" (B5) darstelle, wobei neben PR zahlreiche weitere Instrumente existieren (B5). Obwohl B2 die gleiche Definition wählt, gestaltet sich die Situation hier anders. Er gibt auf die Frage nach dem Verhältnis der Bereiche an, PR gelte als eigenständig und weise Überschneidungen mit Marketingkommunikation sowie mit dem von ihm als Kommunikationsbereich definierten Produkt auf. Begründet wird die Überschneidung damit, dass viele Aktionen für den jeweils anderen Bereich genutzt und über beide Kanäle ausgespielt werden können (B2). Der Befragte spricht bei der Auswahl der Definition und an einigen anderen Stellen den

Beziehungsaspekt an, geht aber auf den Teil der Definition nicht ein, der PR der Marketingkommunikation unterordnet. Daher muss davon ausgegangen werden, dass er den ersten Teil der Definition nicht wahrnimmt oder bewusst ausklammert, ähnlich also wie zuvor B7, B9 und B10. Definition drei, nach der PR und Marketingkommunikation zwei Bereiche der Unternehmenskommunikation darstellen, wird von B3 und B8 gewählt und stimmt mit dem von ihnen angesprochenen Verhältnissen überein. Laut der Befragten müssen sich Marketingkommunikation und PR die Hand reichen. Denn sie können voneinander profitieren. B8 gibt zu bedenken, dass dieser Zustand aufgrund der personellen Trennung der Bereiche und des Mangels an Abstimmung in seinem Unternehmen zurzeit nicht bestünde, da Marketingkommunikation und PR getrennt seien.

Forschungsfrage 1.2 ‚In welchem Verhältnis stehen PR und ihre Nachbardisziplinen in Startups?‘ muss differenziert beantwortet werden. Es können zunächst zwei Grundverhältnisse ausgemacht werden: In einer Gruppe gilt PR als der Marketingkommunikation untergeordnet (U1, U4, U5, U6), während die andere Gruppe die Bereiche als zwei ansieht, die sich überschneiden und zusammenarbeiten können beziehungsweise sollen. Die Einordnung der PR in die Marketingkommunikation entspricht dem in Kapitel 3.B vorgestellten kooptativen Modell. Dabei bemächtigt sich eine Funktion, hier die Marketingkommunikation, der anderen Funktion, also der PR, die damit schwächer ist. Diese Sichtweise liegt in 40 Prozent der mittelständischen Unternehmen vor (vgl. Kapitel 2.D). In den Startups ist jeweils nur eine Person für Kommunikation zuständig und es existiert entweder kein festes Budget (U5, U6) oder nur ein Marketing- beziehungsweise Werbebudget (U4). Damit teilen sich die Bereiche auch die Ressourcen, sofern überhaupt Geld für PR ausgegeben wird, worauf in Kapitel 6.B.V einzugehen sein wird. U1 wäre zum jetzigen Zeitpunkt dem zölibatären Modell zuzuordnen, weil PR keine Rolle spielt. Schon in Kapitel 3.B wurde angegeben, dass dieses Modell auf kleine Unternehmen zutreffen könnte, wobei eine ökonomische Ausrichtung dafür spricht, dass nur Marketingkommunikation ausgeführt wird, wie es hier der Fall ist.

In den übrigen Startups existieren PR und Marketingkommunikation nebeneinander mit mehr oder weniger großen Bereichen, in denen sie sich überschneiden oder sich die Hand reichen. Die Trennung zwischen Marketingkommunikation und PR ähnelt dem Konzept von Zerfaß (2010). In der Realität ist diese weniger strikt und ergibt sich nicht aufgrund verschiedener Handlungsfelder, da sich PR und Marketingkommunikation laut der Befragten gleichermaßen auf das ökonomische und gesellschaftspolitische Umfeld richten. Die Aufteilung der Bereiche entsteht vielmehr durch die

Kommunikationsgegenstände Produkt und Unternehmen beziehungsweise teils aufgrund der Unterscheidung der Maßnahmen. Außerdem ist zu erwähnen, dass die Bereiche nicht als gleich relevant gelten, worauf nachfolgendes Kapitel eingeht. Welches Modell nach dem in Kapitel 3.B vorgestellten Konzept, das auf den Überlegungen von Hallahan (1992) und Kotler und Mindak (1978) beruht, jeweils zutrifft, ist nicht eindeutig zu klären. Laut Theoriekapitel 3.B existieren die Bereiche, wenn sie koordiniert sind, zwar unabhängig voneinander, arbeiten aber eng zusammen, um gemeinsame Ziele zu erreichen und teilen sich Ressourcen. Sind die Bereiche kombiniert, sind sie zwar gleichgestellt, aber nicht unabhängig, da sie sich überschneiden und zusammenarbeiten, was sich auch daran zeigt, dass das PR-Personal oft Teil der Marketingabteilung ist. Eine Zusammenarbeit der Bereiche wird in U8 angestrebt, momentan aber nicht praktiziert, was für zwei separate Funktionen und damit das Modell der Koexistenz spricht. Obwohl dieses laut Hallahan (1992) eher in etablierten Unternehmen zu finden ist, wird es offensichtlich trotzdem von einem Startup (U8) praktiziert, das wenig strategisch geplante und abgestimmte Kommunikation betreibt. Dies ist allerdings den Umständen geschuldet und keine freiwillige Entscheidung, da der Interviewpartner sich eigentlich koordinierte Funktionen wünscht. B2, B7 und B10 entscheiden sich für die Überschneidung von PR und Marketingkommunikation, wobei bei U2 zusätzlich das Produkt selbst als dritter Bereich hinzukommt. Eine solche Überschneidung deutet per se auf das kombinierte Modell hin. Dies kann aber aufgrund der Aussagen der Interviewpartner nicht zwingend angenommen werden. So begründet B7 den großen Überschneidungsbereich mit der Konsistenz der Botschaften. Dies betrifft hier die Außenwirkung. Die Funktionen können dennoch unabhängig voneinander existieren. B10 spricht von Überschneidungen zwischen PR und Marketingkommunikation, die er wiederum momentan als Äquivalent zur Vertriebskommunikation sieht, und will, dass aus „einem Vertriebsmoment ein PR-Moment" (B10) wird, um die Effizienz zu erhöhen. Abhängig sind die Bereiche auch hier nicht voneinander, obgleich in beiden Unternehmen ein Hauptverantwortlicher für die Kommunikation existiert. Das würde eigentlich für das kombinierte Modell sprechen. Die anderen Aussagen, vor allem die Unabhängigkeit der Bereiche, deuten auf das koordinierte Modell hin. Diesem sind auch U2 und U3 zuzuordnen. In U2 spricht die Personalstruktur dafür. Synergieeffekte sind zudem gegeben, da die Kommunikationsbereiche laut B2 und B3 voneinander profitieren. So unterstützen sich Marketingkommunikation und PR gegenseitig, sind aber nicht zwingend abhängig voneinander. B9 sieht PR und Marketingkommunikation zwar als zwei Säulen, findet aber „nicht, dass das zwei paar Dinge sind“ (B9), denn es sollen gemeinsame Ziele erreicht werden und „es muss zusammenpassen“ (B9). Seine Aussagen deuten auf eine Abhängigkeit hin, da er explizit angibt, Maßnahmen der PR und Marketingkommunikation müssen einhergehen. Obwohl er also nicht von Überschneidungen, sondern von einem Händereichen und damit von Koordination spricht, ist eher das kombinierte Modell zutreffend. Demnach ist hinsichtlich koordiniertem und kombiniertem Modell keine eindeutige und idealtypische Zuordnung möglich.

Insgesamt konnte dennoch gezeigt werden, dass zwei übergeordnete Typen existieren. Startups des einen Typus lassen sich dem kombinierten beziehungsweise koordinierten Modell zuordnen. Da sich beide sehr ähneln, sollte allerdings unter Umständen eher von einem Austauschmodell gesprochen werden. So könnte im Detail herausgefunden werden, wie ein Austausch zwischen den Funktionen vonstattengeht und wie eng er ist. Einem solchen Modell wären sechs der Startups zuzuordnen, da sie von zwei Bereichen sprechen, die sich mehr oder weniger überschneiden, zusammenarbeiten beziehungsweise dies tun sollten. In U2 kommt der dritte Bereich *Produkt* und in U10 die momentan mit der Marketingkommunikation vereinte Vertriebskommunikation hinzu. Weitere Bereiche existieren nicht. Auch *Werbung*, die schon in Kapitel 3.B unter Marketingkommunikation gefasst wurde, ist nicht separat vorhanden. Wie genau sich Überschneidungen und Zusammenarbeit gestalten, kann und soll hier nicht geklärt werden. Die vier anderen Startups sprechen von der PR als der Marketingkommunikation untergeordnet und sind damit in das kooptative Modell beziehungsweise zurzeit noch in das zölibatäre Modell (U1) einzuordnen. Abschließend ist festzuhalten, dass die Variablen *Entwicklungsphase*, *Alter* und *Größe* nicht der Erklärung der unterschiedlichen Verhältnisse dienen, da hier keinerlei eindeutiger Zusammenhang ausgemacht werden kann.

IV Die Rolle von Investor Relations innerhalb der Unternehmenskommunikation

Welche Rolle IR als möglicher Teilbereich der Unternehmenskommunikation spielt und welchen Stellenwert sie hat (F1.3), soll ebenfalls untersucht werden. Diesbezüglich liegen bisher weder empirische noch fundierte theoretische Erkenntnisse vor. Bezogen auf Investoren „muss natürlich auch eine Kommunikation da sein“ (B4), weshalb „auch Investorenkommunikation“ (B8) betrieben wird, die „für mich […] am allerwichtigsten“ (B10) und „Priorität eins in der Kommunikation ist“ (B3), denn „grundsätzlich ist es sehr, sehr wichtig, Investoren bei Laune zu halten“ (B2). Bereits in Kapitel 6.A.I wurde festgestellt, dass Investoren als Zielgruppe der Kommunikation für die Startups relevanter sind, die auf eine externe Finanzierung angewiesen sind. Außerdem erachten fünf der sieben Unternehmen, die aktuell Investoren haben, deren Interessen als besonders wichtig. Zwei Befragte machen hierzu keine Angaben (vgl. Kapitel 6.B.I). Die hohe Bedeutung der IR zeigt sich auch in den Startups, die über die Verantwortlichkeiten explizit Auskunft geben. Denn die Investorenansprache ist teils Aufgabe einer Person, die speziell hierfür zuständig ist (B8), wird von Kommunikationsverantwortlichen gemeinsam mit dem Gründer (B3) oder dem Gründer selbst übernommen (B2, B4, B10). Kommunikation mit Investoren findet grundsätzlich direkt statt, über einen Geschäftsbericht für aktuelle Investoren (B1, B2, B3, B9, B10) oder Präsentationen, Berichte oder Pitches[4] für potenzielle Investoren (B2, B3, B4, B6, B7, B8, B9, B10). Meist entweder gar nicht erst zur Sprache gebracht oder als nicht geeignet für die Kommunikation befunden, werden Marketingkommunikation (B1, B4, B7) und PR (B1, B2, B4, B7, B8). Dies ist darauf zurückzuführen, dass die Investorenkommunikation als andersartig gilt. Unter anderem, weil sie „so diskret abläuft“ (B1). Ungeachtet dessen glauben einige Befragte, dass PR indirekt positive Auswirkungen auf Kapitalgeber haben kann (B2, B8, B9, B10). Für B6 ist dies gar das „einzige, was wir mit PR so richtig bezwecken“ (B6). Doch hier ist lediglich von einem Nebeneffekt auszugehen, weil externe Kommunikation generell als kaum relevant gilt und es an Eigeninitiative mangelt. Einzig B10 spricht von direkten Effekten. Er bezeichnet die Ansprache von Investoren, die er als „Brandambassadors“ (B10) gewinnen will, als Corporate PR, wobei er diese in der Marketingkommunikation mit Überschneidungen zur PR verortet. Darunter fasst er das Informieren aktueller Investoren über Geschäftsberichte und die Akquise neuer Investoren über Präsentationen und Pitches. Auch die positive Wirkung von Artikeln, die in den Medien veröffentlicht werden, erkennt der Befragte, stellt diese jedoch hintenan. Mit Ausnahme der Markenbotschafter-Funktion gestaltet sich die Kommunikation genauso wie in anderen Startups, wird hier allerdings anders benannt und verortet. B1 hätte die Auseinandersetzung mit Investoren „nicht als Kommunikation bezeichnet“ (B1). Der Umstand, dass dennoch mit ihnen kommuniziert wird, zeigt, dass sie trotzdem durchaus von Bedeutung ist.

4 Bei einem Pitch handelt es sich nach Hahn und Naumann (2014)„um die Präsentation der Geschäftsidee und des Startups als solchem gegenüber potentiellen Investoren“ (S. 135).

Forschungsfrage 1.3, die sich auf die Rolle der IR innerhalb der Unternehmenskommunikation bezieht, kann nicht in Gänze beantwortet werden. Es können nur eindeutige Aussagen zum Stellenwert getroffen werden. Grundsätzlich hat IR in den Unternehmen eine hohe Relevanz, die auf externe Finanzierung angewiesen sind. Schließlich wollen Startups überproportional wachsen, haben aber selbst oft nicht die nötigen finanziellen Mittel, die sie daher von Investoren erhalten, die bereit sind, ein Risiko zu tragen (Hochgesand, 2002, S. 371; Knecht, 2002, S. 105; vgl. Kapitel 2.B). Investoren müssen also durch Kommunikation angesprochen, überzeugt und an das Unternehmen gebunden werden, was die Wichtigkeit von IR erklärt. Hier wird auf direkte Kommunikationsmaßnahmen zurückgegriffen. Welchen Bereich IR einnimmt, bleibt zunächst unklar, da sie allgemein nicht der Marketingkommunikation oder PR zugeordnet wird und von B1 gar als Bereich gesehen wird, der die externe Unternehmenskommunikation nicht betrifft. Zieht man die theoretischen Grundlagen zu Rate, ist festzustellen, dass B1 wahrscheinlich von IR im weiteren Sinne ausgeht (vgl. Kapitel 3.C). Auch wenn nicht der Marketingverantwortliche zuständig ist, kommuniziert sein Startup mit Investoren, weshalb IR hier gleichfalls zur Unternehmenskommunikation zu rechnen ist.

Um einen Schritt in Richtung einer möglichen Einordnung von IR zu wagen, wird das Modell von Zerfaß (2010) als Hilfestellung herangezogen. Investoren können dem Markt zugeordnet werden, wie in Kapitel 6.A.I festgehalten. Zerfaß (2010) stellt weiterhin fest, dass Marktkommunikation jede Kommunikation einschließt, mit der Transaktions- und Wettbewerbsbeziehungen gestaltet werden (S. 298). Die Befragten wollen dies mit den genannten Maßnahmen zweifelsohne erreichen, weshalb IR nach dem Zerfaß'schen Konzept als Marktkommunikation gesehen werden könnte. Die Interviewpartner selbst stimmen dem nicht zwingend zu. Ebenfalls anzumerken ist, dass sich auch PR auf Investoren auswirken kann, was durchaus erwähnt wird. Damit wird abermals die bereits geäußerte Kritik am Ansatz von Zerfaß (2010) deutlich, nämlich, dass eine eindeutige Trennung zwischen Markt und gesellschaftspolitischem Umfeld nicht möglich ist, da die Bereiche allenfalls nach Kommunikationsobjekten getrennt werden. So gilt Marketingkommunikation als produktbezogen und wird vor allem zur direkten Kundenansprache genutzt, während PR häufig das Unternehmen als Ganzes im Blick hat und sich meist an vorher nicht definierte Zielgruppen richtet. In diesem Zusammenhang leuchtet ein, weshalb die Befragten IR im Allgemeinen nicht diesen beiden Bereichen zuordnen. Immerhin wird für Investoren gezielte Ansprache bevorzugt. Es handelt sich also um kein Kollektiv oder gar eine unbekannte Gruppe wie möglicherweise bei PR.

Dagegen ist davon auszugehen, dass Investorenkommunikation sowohl auf das Produkt als auch auf das Unternehmen als Ganzes bezogen ist. Immerhin muss dieser Zielgruppe beides nähergebracht werden, damit sie sich für eine Investition entscheidet. Eine Beziehung der IR zu PR scheint daher nicht nur aufgrund des positiven Einflusses, den ihr die Befragten zuschreiben, vorhanden zu sein. Auch eine mögliche Verflechtung zur produktbezogenen Marketingkommunikation ist nicht von vornherein auszuschließen, insbesondere da ein Interviewpartner hier eine Verbindung sieht. Da es sich laut der Befragten zum einen um eine sehr spezielle Art der Kommunikation handelt, scheint eine Gleichsetzung mit oder Einordnung in PR und Marketingkommunikation nicht sinnvoll. Zum anderen sind hierfür auch Mitarbeiter zuständig, die ansonsten nicht mit einem dieser Teilbereiche betraut sind (U1, U3, U8). Es muss also davon ausgegangen werden, dass IR einen eigenen Kommunikationsbereich darstellt, unter Umständen mit Überschneidungen zu Marketingkommunikation und PR. Zwar wurde IR nicht als eigener Komplex genannt, als direkt nach weiteren Kommunikationsbereichen gefragt wurde. Dies ist wohl darauf zurückzuführen, dass Investorenkommunikation als selbstverständlich betrachtet wird. Sie würde wohl auch betrieben werden, gäbe es ansonsten keine externe Kommunikation. Denn sie gilt möglicherweise vorrangig als ökonomisches und weniger als kommunikatives Handeln. Eine eindeutige Einordnung ist nicht möglich, kann aber auch nicht erwartet werden, da bisher Uneinigkeit in der Wissenschaft bezüglich IR herrscht (vgl. Kapitel 3.B). Daher bedarf es weiterer Forschung.

V Relevanz externer Unternehmenskommunikation und ihrer Teilbereiche

Zur Beantwortung von Frage 1.4 ‚Welche Relevanz kommt externer Unternehmenskommunikation und ihren möglichen Teilbereichen in Startups zu?' wird zunächst auf den Stellenwert externer Kommunikation allgemein eingegangen. Dieser wurde indirekt über das Kommunikationsbudget, die für Kommunikation aufgewandte Zeit sowie direkt erfragt.

Relevanz externer Unternehmenskommunikation allgemein

Die Frage, ob ein festes Kommunikationsbudget existiere, verneinen sieben Befragte (B2, B5, B6, B7, B8, B9, B10). Drei davon (B5, B9, B10) wollen ein solches zukünftig einführen. B4 kann auf ein monatliches Werbebudget von 400 bis 450 Euro zurückgreifen, das lediglich für Google AdWords verwendet wird. Ein Marketingbudget existiert in zwei der Startups, wobei keine Größenordnung genannt wird (U1, U3). Aus diesem werden auch finanzielle Mittel für Kommunikation geschöpft, die keine feste Größe darstellen. Von der aktuellen finanziellen Situation ist abhängig, welcher Betrag für Kommunikation ausgegeben wird. Dieser wird allerdings zum Großteil für Marketingkommunikation eingeplant und verwendet und weniger für PR (B3, B4, B5, B8). Auch im Mittelstand, der öfter ein festes Budget zur Verfügung hat, wird häufig nur ein geringer Teil für PR genutzt (vgl. Kapitel 2.D). Auf den ersten Blick erscheint ein Zusammenhang zwischen der Existenz eines Budgets und der Lebensphase der Startups zu bestehen. So befinden sich zwei der Unternehmen mit festem Budget in der Frühentwicklungsphase. Dies relativiert sich, da das Budget von U4 sehr gering ist und U3 sich nur aufgrund der Umstellung des Geschäftsmodells in dieser Phase befindet. Allerdings ist es eines der beiden ältesten Startups der Untersuchung und hatte damit mehr Zeit, finanzielle Ressourcen zu generieren und entsprechend zu verteilen. Doch selbst wenn überwiegend kein festes Budget vorhanden ist, heißt dies nicht, dass kein Geld für Kommunikation ausgegeben wird. So schaltet beispielsweise U2 TV-Werbung (vgl. Tabelle 12 im Anhang, Abschnitt A). Die für PR aufgewandten Mittel scheinen allerdings tatsächlich sehr gering zu sein, selbst wenn die Startups durch Investoren Kapital generieren konnten.

Die Einschätzung darüber, wie viel Zeit für Kommunikation verwendet wird, fällt den Befragten relativ schwer. Je nachdem, wie weit die Interviewpartner Kommunikation fassen, ergeben sich sehr unterschiedliche Antworten, wie Tabelle 11 zeigt.

Befragter	Pro Woche für Kommunikation aufgewendete Arbeitszeit	
	Insgesamt (pro Woche)	In % (Vollzeitstelle à 40 Std. ≙ 100%)
B1	Ca. 3 Arbeitstage	Ca. 60%
B2	Ca. 2 Vollzeitstellen (in Marketing und Kundensupport; nicht ausschließlich Ukom.), Praktikant: ca. 10-15h, Befragter: ca. 10h	Ca. 250%
B3	1 Vollzeitstelle des Befragten	Ca. 100%
B4	Ca. 6h; inklusive persönlicher Kom.: ca. 1,5 Arbeitstage	Ca. 10-30%
B5	Ca. 80% bis 100% der Arbeitszeit des Befragten	Ca. 80-100%
B6	Weniger als 5% der Arbeitszeit des Befragten	< 5%
B7	Ca. ½ bis 1 Arbeitstag; inklusive Vorbereitung von Vorträgen und Vertriebsunterlagen: ca. 80% bis 90% der Arbeitszeit des Befragten	Ca. 10-90%
B8	Ca. 40% bis 60% der Arbeitszeit des Befragten (für PR) + ca. 10% der Arbeitszeit des Marketingverantwortlichen (für Marketingkom.)	Ca. 50-70%
B9	1 Vollzeitstelle des Befragten	Ca. 100%
B10	Ca. 4h für PR; inklusive Marketing- und Vertriebskom.: ca. 50% der Arbeitszeit des Befragten	Ca. 10-50%

Tabelle 11: Relevanz der externen Unternehmenskommunikation anhand der Zeit, die für sie aufgewendet wird — Quelle: eigene Darstellung

Am wenigsten Zeit für Kommunikation nimmt sich B6. Am meisten Zeit verbringt man in U2 mit Kommunikation, wobei der Kundensupport und das gesamte Marketing mit je einer Vollzeitstelle hinzuzählen. Anzumerken ist, dass sechs der Befragten mindestens 50 Prozent der Arbeitszeit auf Kommunikation verwenden, was auf eine gewisse Relevanz derselben schließen lässt. Alleine die Zeit und das Budget geben allerdings noch nicht genügend Aufschluss über den Stellenwert von Kommunikation. Immerhin sind Startups in ihren Ressourcen begrenzt und würden unter Umständen gerne mehr Zeit und Geld hierfür verwenden (U3, U4, U5, U7, U8, U9).

Daher wurde zusätzlich direkt nach dem Stellenwert von Kommunikation gefragt. Daraufhin bescheinigen acht Befragte (B1, B2, B4, B5, B7, B8, B9, B10) externer Kommunikation eine „immense" (B1), „grundlegende" (B2) Relevanz und geben an, sie sei „extrem wichtig" (B7), denn ohne „richtige Kommunikation [...] erreichst [du] die Kunden [...] nicht" (B4). Mit Hilfe von Kommunikation wollen die Unternehmen zunächst auf sich aufmerksam machen. Denn „du bist einfach erst mal ein Nobody. Und da [...] läuft alles über Kommunikation" (B7). Zunächst sei diese also „ganz essenziell, um gesehen zu werden" (B8) und um die Außenwahrnehmung zu steuern (B7), „weil wir [...] ein sehr erklärungsbedürftiges Produkt haben" (B1), über „komplizierte Themen" (B7) sprechen oder „dieses

Modell viele Leute noch nicht kennen" (B8). Daher solle es über Kommunikation „möglichst schnell und simpel" (B1) erläutert werden (B1, B8, B9). So können die entsprechenden Zielgruppen erreicht werden. Kommunikation ist daher für die Kunden- aber auch Partneransprache von großer Bedeutung (B5, B7). B10 bezeichnet sie gar als Kerngeschäft, die für sein Konsumgüterprodukt „ein Teil der Marke ist" (B10). Auch für U2, das kein erklärungsbedürftiges Produkt oder Geschäftskonzept hat, habe „Kommunikation eine grundlegende Komponente" (B2), um sich von Wettbewerbern abzuheben und so die Eintrittsbarriere für diese zu erhöhen (B2). B3 gibt an, Kommunikation sei vor allem aufgrund ihres Beitrags zur Bekanntheit wichtig, habe jedoch momentan „einfach nicht so eine hohe Priorität" (B3), da der Fokus zurzeit auf der Vermarktung des Produktes liege. Einzig für B6 sei externe Kommunikation, obwohl Kunden hierüber gewonnen werden, „nicht so wichtig" (B6), diene der „Vertriebsunterstützung" (B6) und sei ein „Nebenkriegsschauplatz" (B6), denn „wir sind ja nur regional [und] haben [...] einen guten Vertrieb. Da brauch ich keine große Reichweite" (B6).

Relevanz von PR und Marketingkommunikation

Wie soeben festgestellt wurde, ist B6 der einzige Interviewpartner, der Kommunikation insgesamt als unwichtig einstuft. Dies gilt auch für PR und Marketingkommunikation. Die Antworten der anderen Befragten fallen dagegen differenzierter und ausführlicher aus. Um weitere Erläuterungen anschließen zu können, wird zunächst daran erinnert, dass Marketingkommunikation direkter mit Nutzer- und Kundenakquise verbunden ist als PR, die sich eher an unspezifische Zielgruppen richtet und häufig das Unternehmen als Ganzes im Blick hat.

In einigen Startups ist Marketingkommunikation relevanter als PR und wird verstärkt betrieben (U1, U3, U4, U5, U10). So will B1 durch Marketingkommunikation „jetzt erst mal die abgreifen, die wir schnell erreichen" (B1). Um schnelle Erfolge zu erzielen, sei Marketingkommunikation „wahrscheinlich geeigneter" (B4). B3 gibt an, weder das Unternehmen noch das Produkt seien bekannt, wobei das „Produkt [...] unsere Daseinsberechtigung" (B3) sei. Das Unternehmen sei „gerade tatsächlich in der Vermarktung platziert" (B3), weshalb es „jetzt darum [geht,] Kunden [...] zu gewinnen" (B10). B5 schätzt Marketingkommunikation, die für ihn Social Media, Content-Marketing oder Suchmaschinenmarketing umfasst, ebenfalls als wichtiger ein. Denn mit dieser wolle man „nicht letztendlich bekannt [...]

werden, sondern [...] Kunden [...] generieren“ (B5). B1 und B4 stufen Marketingkommunikation als bedeutender ein, weil sie „super einfach messbar“ (B4) sei und man „viel schneller [lernt], ob [die Kunden] dann tatsächlich kaufen“ (B1), weil „du siehst die Resonanz oder kriegst das Feedback direkt oder relativ zeitnah“ (B4). Dagegen wird PR in diesen beiden Unternehmen besonders „stiefmütterlich behandelt“ (B4) und stelle „keine gute Möglichkeit“ (B1) dar, um direkt Nutzer zu akquirieren, da „der Outcome nicht [...] unmittelbar erfolgt“ (B4). PR komme eine eher „nachhaltige und langfristige Wirkung“ (B4) zu, denn „jemand, den ich über PR erreichen kann, [...] wird in einem halben Jahr für uns interessant“ (B1). Dies deutet sich bereits in Kapitel 3.B an, wobei festgestellt wurde, dass auch Marketingkommunikation im modernen Verständnis längerfristig angelegt sein kann. PR sei zudem „schwierig zu planen“ (B1) und das Produkt respektive Thema von U1 sei „nicht so sexy“ (B1), weshalb der Befragte davon ausgeht, dass wenige Blogger oder Journalisten hierüber berichten würden. Als weitere Begründung, weshalb PR bisher nicht betrieben wird, bringt B1 an: „Wenn PR klappt, kommen sehr viele Nutzer. [...] Und wir wollen an einem Punkt sein, wo wir sicher sind, dass wir die Mehrheit davon nicht enttäuschen“ (B1). Denn fehlerfreie Abläufe seien „bei einem Startup nicht immer garantiert“ (B1). Es ist indes festzuhalten, dass in beiden Unternehmen zukünftig verstärkt PR – im Sinne von Medienarbeit – betrieben werden soll (U1, U4). Sie sei „langfristig auch nötig [...], um erfolgreich zu sein“ (B4), da erklärt werden müsse, „wieso wir etwas machen und wie wir es überhaupt machen und da Vertrauen schaffen. Und gerade für Vertrauen ist [...] PR eben sehr wichtig“ (B4). Auch für B10 wird PR später, wenn das Produkt weiter verbreitet ist, noch wichtiger, um Bezugsgruppen „abgesehen von der genauen Zielgruppe“ (B10) anzusprechen. B3 und B5 schätzen PR dagegen auch aktuell als wichtig ein, wenn auch nicht so relevant wie Marketingkommunikation. Dabei differenziert B5 zwischen klassischer und neuer PR. Die von ihm als klassische PR bezeichnete Pressearbeit gilt als unwichtig, da kaum Journalisten über den Bereich berichten, in dem sich das Unternehmen bewegt (B5). „PR 2.0“ (B5), also PR, die sich an Meinungsführer oder Multiplikatoren wie Blogger oder Tech-Journalisten richte und mit der Bekanntheit und Beziehungen aufgebaut werden sollen, „ist für uns wichtig, aber bei weitem nicht so wichtig wie unsere normale Kommunikation über Social Media, [...] die dazu dient, Leads[5] zu generieren“ (B5). Auch B3

5 Lead-Generierung beschreibt nach dem Gabler Wirtschaftslexikon des Springer Gabler Verlags (2015a) „die Erzeugung von zukünftiger Kunden- und Nutzernachfrage“ (o.S.).

hält PR für relevant, denn „das Produkt alleine macht den Kunden nicht glücklich. Sondern es ist unser Service. Das ist natürlich dann auch unsere Unternehmenskultur“ (B3) und damit das „Unternehmensimage“ (B3). Dieses werde durch PR, die hier als „allumfassende Markenkommunikation“ (B3) gilt, aufgebaut.

Problematisch ist generell das begrenzte Budget. So sei angemerkt, dass B3 „sehr gerne mehr [PR] machen [würde], weil ich es sehr wichtig finde“ (B3), um den Bekanntheitsgrad des Unternehmens zu erhöhen, was „gerade für ein Startup total wichtig ist“ (B3). B1 und B4 konzentrieren sich aufgrund begrenzter finanzieller Ressourcen ebenso auf Kundenakquise durch Marketingkommunikation. B4 spricht außerdem das Problem der personellen Ressourcen an, denn das Startup habe „jetzt gerade jemanden, der Marketing macht. Wir haben aber niemanden für den PR-Bereich“ (B4), der „wahnsinnig zeitaufwändig“ (B4) sei. Auch für U8 ergibt sich ein Ressourcenproblem. Dieses wirkt sich in die entgegengesetzte Richtung aus als in den bisher genannten Unternehmen. So misst B8 der „auf den Verkaufsaspekt“ (B8) angelegten Marketingkommunikation eine größere Bedeutung bei. Allerdings sei PR momentan wichtiger in dem Sinne, dass sie mehr betrieben werde als Marketingkommunikation (B8). Dies ist auf das fehlende Budget zurückzuführen, da man sich teure Marketingmaßnahmen nicht leisten könne, weshalb sich der Befragte „ganz, ganz stark an[strenge], viel PR umsonst zu bekommen“ (B8). Die Ressourcenproblematik ist ferner in U2 spürbar. Denn „wie wir auch vom Know-how aufgestellt sind, […] können wir Marketing viel professioneller und diversifizierter angehen. Das heißt aber nicht, dass es zwangsläufig wichtiger ist. Aber […] wir machen mehr Marketing als PR“ (B2). Grundsätzlich werden PR und Marketingkommunikation hier als annähernd gleich relevant betrachtet. Dies ist zurückzuführen darauf, dass der Befragte gleichermaßen verschiedene Ziele erreichen möchte, die er jeweils eher der Marketingkommunikation oder PR zuschreibt. So soll mit Marketingkommunikation eine vorher definierte Zielgruppe für das Produkt begeistert und als Kunde gewonnen werden. Außerdem sollen Kundenloyalität und eine gewisse Bindung an das Produkt aufgebaut werden (B2). PR wiederum, die sich an keine genau definierte Zielgruppe richtet, soll Bekanntheit und Aufmerksamkeit schaffen und für Abgrenzung vom Wettbewerb sorgen. Dabei ist sie vor allem auf Kooperationspartner und Journalisten ausgerichtet, über die Nutzer indirekt erreicht werden (B2).

Für B7 und B9 hat PR trotz ähnlicher Definition eine höhere Relevanz als Marketingkommunikation. So weist B7 PR „den allerhöchsten Stellenwert“ (B7) zu, da sie „uns irgendwie Credibility“ (B7) gebe. Sie habe zwar keinen direkten Effekt, aber „es unterstützt mich halt ungeheuer, wenn ich glaubwürdig bin [...]. Und das ist als kleine Firma halt wahnsinnig wichtig" (B7). Diese Glaubwürdigkeit sei notwendig, um Kooperationspartner zu gewinnen (B7). Marketingkommunikation sei dagegen eher opportunistisch und richte sich an Nutzer, die das Unternehmen selbst nicht gewinnen muss, da dies über Kooperationspartner geschieht. B9 gibt an, PR habe am Anfang eine höhere Relevanz als Marketingkommunikation. Da das Produkt nicht nur online verkauft wird, kann keine genaue Annahme getroffen werden, wie viel Geld für Marketingmaßnahmen ausgegeben werden müsste, um Käufer zu erreichen. „Dementsprechend ist es am Anfang sehr, sehr, sehr, sehr wichtig, dass du erstmal so ein Grundrauschen erzeugen kannst und irgendwie so einen Aha-Effekt" (B9). Außerdem berichtet der Befragte von einem „Kommunikator-Effekt, den du [...] durch reine, stupide, bezahlte Werbung nie schaffen würdest" (B9) und von „ein bisschen Seele und Persönlichkeit" (B9), die das Startup durch PR zeigen wolle. Daher seien „PR-Kanäle nicht nur, weil sie günstiger sind als irgendwelche Marketingkanäle, sehr viel wichtiger" (B9).

Für Forschungsfrage 1.4 ‚Welche Relevanz kommt externer Unternehmenskommunikation und ihren möglichen Teilbereichen in Startups zu?' ist festzuhalten, dass Kommunikation insgesamt für Startups überwiegend als sehr wichtig gilt. Lediglich B6 gibt an, Kommunikation sei nicht bedeutend. Die ansonsten hohe Relevanz ergibt sich dadurch, dass Startups darauf angewiesen sind, bekannt zu werden oder ein Produkt zu erklären, das es in dieser Form noch nicht gibt. Hier spielt also der geringe Bekanntheitsgrad eine Rolle, der sich nicht zuletzt aus dem jungen Alter ergibt, gepaart mit dem innovativen Charakter. Für die Abgrenzung zum Wettbewerb ist Kommunikation ebenso relevant. Letztlich dient sie also auch dazu, das angestrebte Wachstum zu generieren. Sie steht unter Umständen hinter anderen Aspekten der Unternehmenstätigkeit zurück, die in der momentanen Situation für wichtiger gehalten werden (B3). Dies wird auch daran ersichtlich, dass Kommunikationsverantwortliche wie in U8, vor allem aber Gründer selbst, neben Kommunikation andere Aufgaben wahrnehmen. Somit zeigt sich hier ebenfalls, was sich im Mittelstand offenbart: Es sind Personen für Kommunikation zuständig, die nicht zwingend hauptsächlich mit dieser betraut sind, was Schütte (2011, S. 196) anmerkt (vgl. Kapitel 2.D). Es ergibt sich also eine Diskrepanz zwischen dem Stellenwert, den die Befragten der Kommunikation beimessen, und den Widrigkeiten, denen Startups aufgrund von Ressourcenmangel gegenüberstehen. Hinsichtlich der Relevanz von Marketingkommunikation und PR zeigt sich, dass die Mehrheit der Interviewpartner Marketingkommunikation als wichtiger empfindet (B1, B3,

B4, B5, B8, B10), während zwei Befragte (B7, B9) PR als bedeutender ansehen. B6 misst beiden Bereichen den gleichen, niedrigen Stellenwert bei. Für B2 ist festzuhalten, dass dieser PR als ebenso wichtig einstuft, jedoch angibt, sie weniger professionell zu nutzen.

Woran liegt es also, dass externe Kommunikation allgemein in den Startups – außer in U6 – eine hohe Bedeutung hat und wieso wird Marketingkommunikation meist als wichtiger eingeschätzt als PR? Es kann hier nicht festgestellt werden, dass sich innerhalb der untersuchten Stichprobe Unterschiede in Bezug auf Gründungsjahr, Unternehmensgröße und Stufe im Unternehmenslebenszyklus ergeben. Stattdessen können andere Faktoren ausgemacht werden, was dazu führt, dass weiter ausgeholt und auf bisherige Ergebnisse zurückgegriffen werden muss.

Bei B1, B4 und B6 dreht sich alles um Kundengewinnung und das Produkt oder die Dienstleistung, die verkauft werden soll. Sie ordnen PR der Marketingkommunikation unter und verfolgen, wie in Kapitel 6.A.II festgehalten, vor allem wenig differenzierte, transaktionale Ziele. Der Kundengewinnung dient in erster Linie die Marketingkommunikation. Langfristig beziehungsweise untergeordnet soll aber auch PR, die für den Aufbau von Bekanntheit in Zukunft relevanter werden wird, genutzt werden. Es werden also ökonomische Ziele mit PR unterstützt, was abermals auf die Perspektive des Transaktionsmarketings hindeutet. Dabei wird der PR offensichtlich nicht zugebilligt, dass sie sich unmittelbar auf diese Ziele auswirken kann. Dies widerspricht den Ergebnissen von Schütte (2011), denn in mittelständischen Unternehmen wird PR, wenn sie dem Absatz dient, als besonders bedeutsam angesehen (S. 115). Startups verlassen sich scheinbar eher auf Marketingkommunikation. B5, der PR auch der Marketingkommunikation unterordnet, verfolgt ebenfalls wenig differenzierte Ziele (vgl. Kapitel 6.A.II) und fokussiert sich auf ökonomische Größen. Er gibt allerdings zusätzlich an, die Bekanntheit des Unternehmens steigern und Beziehungen zu Anspruchsgruppen aufbauen zu wollen, was eher durch PR erreicht werden soll. Dies lässt auf die Perspektive des Relationship Marketings schließen. Da der Fokus insgesamt in diesen Startups aber auf Kundengewinnung liegt, die mit Marketingkommunikation erreicht werden soll, und PR eher dem Ziel der Bekanntheit dienlich ist, erklärt sich, warum die Marketingkommunikation in U1, U4 und U5 eine hohe Relevanz hat.

Auch für U2, U3, U7, U8, U9 und U10, die differenziertere Ziele verfolgen, stehen – mit Ausnahme von U2 – Kundengewinnung und Verkauf der Produkte an oberster Stelle. PR, die diese Unternehmen als eigenen Bereich sehen, dient vor allem dem Aufbau von Bekanntheit und Beziehungen und hilft, das Unternehmen an sich positiv darzustellen. Das ist für diese Startups ebenfalls wichtig, für U3, U8 und U10 momentan aber nicht Priorität, weshalb sie Marketingkommunikation als bedeutsamer ansehen. Dennoch wird in U8 vermehrt PR betrieben, da diese laut des Befragten kostengünstiger ist. Ruft man sich in Erinnerung, dass sich Marketingkommunikation auf das Produkt bezieht und bedenkt man, dass das oberste Ziel der Verkauf desselbigen ist, leuchtet die höhere Bedeutung der Marketingkommunikation ein. Einzig B2 gibt an, dass ökonomische Ziele, die auch hier vor allem durch Marketingkommunikation erreicht werden sollen, zwar wichtige, aber keine viel bedeutenderen Ziele darstellen. Damit erklärt sich, weshalb B2 PR eine nahezu gleiche Relevanz wie Marketingkommunikation zuweist, obgleich diese weniger umfangreich betrieben wird, was dem Ressourcenmangel geschuldet ist.

Doch warum ist für B7 und B9 PR wichtiger, obwohl auch hier das primäre Ziel die Absatzsteigerung ist und Marketingkommunikation als produktbezogen gilt? Und wieso hat nicht nur PR, deren geringer Stellenwert in diesem Zusammenhang noch nachvollziehbar wäre, sondern auch Marketingkommunikation für B6 eine niedrige Relevanz, obwohl ökonomische Ziele für ihn am bedeutendsten sind?

Zunächst ist festzuhalten, dass B6 angibt, keine Kommunikation zu benötigen, da das Startup regional tätig ist. Dies könnte ein Anhaltspunkt für die unterschiedliche Relevanzzuschreibung sein, weil dies für die übrigen Startups nicht gilt. Trotzdem kann auch im regionalen Raum Kommunikation zum Erfolgsfaktor werden. Betrachtet man die Startups genauer, stellt man fest, dass der Vertrieb eine entscheidende Rolle spielt. Dieser ist in U6 sehr stark ausgebaut, was ebenfalls als Grund genannt wird, weshalb der Befragte Kommunikation generell als wenig bedeutsam einstuft. Unternehmen, die keinen großen Vertrieb haben, setzen dagegen vermehrt auf Kommunikation. Hier wären wieder die Unternehmensgröße und der Mangel an Ressourcen zu nennen, da wohl in allen Unternehmen außer in U6 Vertriebsmitarbeiter fehlen und finanzielle Aspekte vorerst verhindern, dass diese eingestellt werden können. So haben U4, U5 und U8 keinen starken Vertrieb und nutzen stattdessen Marketingkommunikation für die Kundenansprache. Außerdem findet das Kerngeschäft von U8 auf einer Website statt, was Direktvertrieb zusätzlich erschwert, weshalb B8 Kommunikation – besonders Marketingkommunikation – für wichtig erachtet, um Kunden zu gewinnen. Ähnliches gilt für U1 und U2. Während U4, U5 und U6 eine Online-Dienstleistung, ein Produkt beziehungsweise ein Online-Tool haben, das direkt vertrieben werden könnte, ist dies in U1 und U2 nicht der Fall, da es sich um Websites handelt, auf denen Nutzer selbst agieren. Hier dürfte sich der Direktvertrieb wegen der Geschäftsmodelle auch deshalb schwierig gestalten, weil sich die Unternehmen im B2C-Bereich bewegen, wo kaum ein vorher definiertes und bekanntes Kollektiv angesprochen werden kann. Daher wird auch hier Marketingkommunikation zur Kundenerreichung genutzt. B3 und B10 betreiben dagegen – ähnlich wie B6 – Direktvertrieb. Dies ist in U10 möglich, da Zwischenhändler zwischen das Unternehmen und den Endkunden geschaltet sind, die aufgrund des Premiumsegments, in dem sich das Unternehmen bewegt, überschaubar und bekannt sind und folglich auch mit geringem Aufwand direkt angesprochen werden können. U3 ist wiederum im B2B-Geschäft tätig und spricht eine relativ homogene Gruppe an, was Direktvertrieb erleichtert, weil auch hier der Zielgruppenkreis definiert und überschaubar ist. Der Vertrieb ist allerdings bei weitem nicht so ausgebaut wie in U6, weshalb in U3 und U10 Marketingkommunikation dazu dient, Kunden anzusprechen. Vertriebskommunikation und Marketingkommunikation sind für B10 außerdem momentan noch nicht zu trennen, da Marketingkommunikation auch im Vertrieb genutzt wird. Somit dürfte sich die hohe Bedeutung von externer Kommunikation allgemein und Marketingkommunikation erklären, die an Stelle von Vertrieb oder zur Unterstützung eines bisher kleinen Vertriebs zur Kundenansprache genutzt wird, sofern diese das oberste Ziel darstellt.

Offen bleibt bisher, wieso PR für U7 und U9 wichtiger ist. Dies lässt sich bei U7 durch das Geschäftskonzept erklären. Es ist nicht auf Kunden- sondern auf Partnergewinnung ausgerichtet, wofür laut B7 wiederum glaubwürdiges Auftreten entscheidend ist, das laut ihm über PR erzielt werden könne. Mit dieser werden die Partner zwar nicht direkt angesprochen, es wird aber darauf gesetzt, dass sie durch PR erreicht werden und auf U7 zugehen. Bei U9 erklärt sich die Relevanz von PR ebenfalls durch das Geschäftskonzept beziehungsweise die Vertriebsstrategie. Hier wird das Produkt nicht nur online, sondern auch offline an eine bisher weitgehend unbekannte Zielgruppe verkauft. Selbst wenn Vertriebsmitarbeiter angestellt wären, könnten Kunden durch diese nur schwer erreicht werden. Direktvertrieb gestaltet sich überdies schwierig, da es sich um den B2C-Bereich handelt, in dem diese heterogene Gruppe von Kunden vor allem für ressourcenschwache Unternehmen generell schwer auszumachen und direkt anzusprechen ist. Doch Marketingkommunikation wird laut Aussage des Befragten ebenfalls nicht betrieben, weil keine Einschätzung dazu möglich ist, wie hoch der Mitteleinsatz zur Erreichung einer bestimmten Anzahl von Kunden sein muss. Daher soll zunächst ein Grundrauschen durch PR erzeugt werden. Dadurch verspricht man sich den Aufbau von Bekanntheit, der dazu führt, dass die Nutzer angeregt werden, die Produkte offline zu kaufen. Außerdem setzt das Unternehmen auf Erkenntnisgewinn, worauf aufgebaut werden kann, um später Kunden durch die wichtiger werdende Marketingkommunikation gezielt ansprechen zu können. Der Mangel an Erfahrungswissen ist der kurzen Unternehmenshistorie der Startups und sicherlich dem Innovationscharakter geschuldet. Wäre außerdem mehr Budget vorhanden, dürfte davon auszugehen sein, dass Marketingkommunikation zumindest in U9 stärker betrieben würde.

In Zusammenhang mit der hohen Bedeutung von Marketingkommunikation fällt mit der Online- beziehungsweise Technik-Affinität eine weitere Variable auf. Es zeigt sich, dass die Kunden von U1, U2, U4, U5 und U8 online- beziehungsweise technik-affin sind. Dies müssen sie sein, da es sich um Websites handelt, auf denen Nutzer selbst aktiv werden (U1, U2, U8), um ein Online-Tool (U4) und um virtuelle Realität (U5). Kunden von U6 müssen dagegen nicht zwingend online-affin sein, da sie mit der Dienstleistung an sich, die sich zwar auf den Online-Bereich bezieht, nicht selbst in Kontakt kommen, da alles von U6 ausgeführt wird. Es ist daher zu vermuten, dass Direktvertrieb eher genutzt wird, wenn das Unternehmen B2B-Kunden hat, die vor allem offline agieren. Dagegen scheint Kommunikation, vor allem Marketingkommunikation, für online-affine Kunden von größerer Bedeutung zu sein. Sie spart Geld gegenüber der teureren Vertriebskommunikation und geht mit weniger Streuverlusten einher als PR. Denn online-affine Kunden sind leichter erreichbar und können durch die auf diese ausgerichtete Marketingkommunikation einfach und direkt angesprochen werden. Dies gilt nicht zwangsläufig für U7 und U9, die vermehrt PR nutzen. Die Kunden von U9 sind zwar technik-affin. Der Verkauf soll aber auch offline erfolgen, weshalb die Kunden online nicht alle erreichbar sind. Nutzer selbst sind für U7 wiederum weniger wichtig. Dieses Unternehmen legt vor allem Wert auf die Erreichung von Partnern, die ebenfalls nicht zwingend online erreicht werden können. Auch die Kunden von U3 und U10 sind nicht zwangsläufig online-affin. Dass hier Marketingkommunikation von größerer Bedeutung ist, hängt, wie bereits erwähnt, mit der geringen Vertriebsgröße und den begrenzten Ressourcen zusammen.

VI Zusammenfassende Erkenntnisse zum Verständnis externer Unternehmenskommunikation in Startups

Forschungsfrage 1 ‚Welches Verständnis von externer Unternehmenskommunikation und ihren möglichen Teilbereichen herrscht in Startups vor?' ist nicht mit wenigen Worten zu beantworten. In den bisherigen Kapiteln, die sich auf Unterfragen beziehen, wurden die Ergebnisse bereits sehr ausführlich dargelegt und diskutiert, weshalb dieses Kapitel nur einen groben Überblick zur Abrundung gibt.

Ruft man sich in Erinnerung, dass in Bezug auf Ziele und Zielgruppen deutlich die betriebswirtschaftlich orientierte Sichtweise bei den Startups vorherrscht, setzt sich diese in Bezug auf die Kommunikationsweise nicht zwingend fort. So legen alle Befragten Wert auf symmetrische beziehungsweise argumentative Kommunikation. Vermutlich gehen die Verantwortlichen davon aus, dass sie ihre Zielgruppen durch Gespräche und Argumente am besten von sich überzeugen und ihre Produkte erklären können. Daneben spielen weitere Kommunikationsweisen eine Rolle. Dennoch ist überraschend, dass auch die Unternehmen auf symmetrische Kommunikation setzen, bei denen die ökonomische Sichtweise sehr tief verankert zu sein scheint. In jedem Fall ist die Relevanz dieser Kommunikationsweise auch auf den in diesem Zusammenhang bereits erwähnten innovativen Charakter und den Mangel an Erfahrung zurückzuführen, der sich hieraus und aufgrund des Alters ergibt. Eine Rolle dürfte auch spielen, dass Zwei-Wege-Kommunikation über soziale Medien vereinfacht wird. Sie bieten ferner einen kostengünstigen Weg, sich mitzuteilen und Feedback zu empfangen. Außerdem besteht für Bezugsgruppen die Möglichkeit, Informationen auf ihre Richtigkeit zu prüfen, was Anlass geben dürfte, Web 2.0 nicht nur vermehrt zu nutzen, sondern auch darauf zu achten, sich als aufrichtigen Kommunikationspartner zu platzieren. Das symmetrische Verständnis scheint unabhängig davon zu sein, ob überwiegend Marketingkommunikation oder PR genutzt wird. Das entspricht wiederum dem in der Theorie behandelten Paradigmenwechsel im Marketing, nach dem auch in der Marketingkommunikation vermehrt auf Dialog gesetzt wird (vgl. Kapitel 3.C). Die Definitionen, die für diese beiden Hauptkommunikationsbereiche angegeben werden, lassen eine Abgrenzung dagegen weniger problematisch erscheinen. Dabei fällt es den Befragten leichter, Marketingkommunikation zu definieren, die sie meist relativ schnell und sicher beschreiben können. Möglicherweise ist es einfacher, diese produktbezogene und auf Kunden gerichtete Kommunikation zu betreiben, die für die Befragten scheinbar weniger komplex und zielgerichteter ist. Marketingkommunikation verfolgt das Ziel der Kundengewinnung, spricht also primär Kunden an und bezieht sich auf das Produkt, was den in Tabelle 3 (vgl. Kapitel 3.B) angegebenen primären Zweck sowie die Zielgruppe und das Kommunikationsobjekt widerspiegelt. PR bezieht sich dagegen eher auf das Unternehmen an sich. Vor allem die unterschiedliche Ausrichtung auf verschiedene Kommunikationsobjekte, die schon in Kapitel 3.B Erwähnung findet, bestätigt sich hier also und ermöglicht eine Abgrenzung der Bereiche. Weiterhin richtet sich PR zunächst an Multiplikatoren und damit an ein nicht genau eingegrenztes Publikum. Dabei wird unter PR häufig Medienarbeit verstanden, während andere Aufgabengebiete oder Maßnahmen nicht oder nur selten zu PR zählen. Dies entspricht einem eher traditionellen Verständnis und zeigt, dass man sich in Startups scheinbar nicht darüber im Klaren ist, wie weitläufig PR hinsichtlich ihrer Aufgabengebiete und Maßnahmen sein kann und welch ambitionierte Ziele mit ihr verfolgt werden können. Dies kann auch auf den Mangel an Kommunikationsexpertise zurückgeführt werden, die oft in Startups herrscht.

Betrachtet man die Antworten in Bezug auf die gestützten PR-Definitionen, werden wichtige Aspekte deutlich. Auf einige bereits erwähnte und diskutierte soll hier nicht mehr tiefer eingegangen werden. Zum Beispiel auf den Befund, dass sechs Befragte (B1, B4, B6, B7, B9, B10) sich der transaktionalen Sichtweise anschließen, dies für drei Interviewpartner (B7, B9, B10) indes in Bezug auf das Verhältnis der Kommunikationsbereiche wieder revidiert werden muss (vgl. Kapitel 6.B.III). Interessanter erscheint an dieser Stelle, dass nicht nur Erkenntnisse über die Begriffsverständnisse und das Verhältnis der Teilbereiche gewonnen wurden. Auch auf das Verständnis von Unternehmenskommunikation allgemein kann geschlossen werden.

Die beschriebenen Verhältnisse deuten darauf hin, dass externe Unternehmenskommunikation in vier Unternehmen (U1, U4, U5, U6) mit Marketingkommunikation gleichgesetzt wird, da hier keine weiteren Bereiche angesprochen werden und PR nur ein Instrument darstellt. Dies ist in Startups der Fall, die nahezu ausschließlich Ziele des Transaktionsmarketings verfolgen und in U5, dessen Ziele, PR-Begriffsverständnis und PR-Marketingkommunikations-Verhältnis dem Relationship Marketing zugeordnet werden können. In den übrigen Startups umfasst Unternehmenskommunikation Marketingkommunikation und PR, die als zwei Bereiche gelten und mehr oder weniger miteinander verbunden sind. IR könnte einen eigenen Kommunikationsbereich darstellen, was dazu führen würde, dass Unternehmenskommunikation in erstem Fall letztlich Marketingkommunikation und IR und in zweitem Fall PR, Marketingkommunikation und IR umfassen würde. Teilweise kommen weitere Bereiche hinzu, wie das Produkt in U2 oder die Vertriebskommunikation, die sich im Moment in U10 mit Marketingkommunikation deckt. Noch einmal angemerkt werden soll, dass PR und Marketingkommunikation, auch wenn sie als eigenständig gelten, keinesfalls gleich wichtig sind, wie es Zerfaß (2010) vorgibt (vgl. Kapitel

3.D.I). Zumeist ist Marketingkommunikation aufgrund dessen relevanter, dass ökonomische Ziele verfolgt werden. In den beiden Unternehmen, in denen das nicht der Fall ist, spielen das Geschäftskonzept (U7, U9) oder die Vertriebsgegebenheiten (U9) eine Rolle. Externe Kommunikation wird außerdem in keinem der Startups zu einem Selbstzweck betrieben, sondern verfolgt immer besonders Unternehmens- und teilweise zusätzlich Kommunikationsziele (vgl. Kapitel 6.A.III). Damit ist externe Unternehmenskommunikation in Startups durchaus strategischer Natur, was der Definition aus Kapitel 3.A entspricht, und hat insgesamt eine hohe Bedeutung. Dies gilt nicht für alle Unternehmen, wie an U6 deutlich wird. Dort wird Kommunikation nur als Vertriebsunterstützung genutzt und überwiegend reaktiv betrieben. Von den anderen Befragten wird Unternehmenskommunikation aber als nützlich und hochrelevant betrachtet, da die noch unbekannten Startups durch sie einen gewissen Bekanntheitsgrad erreichen und ihre teilweise erklärungsbedürftigen und neuen Produkte erläutern können. Der innovative Charakter spielt demnach eine Rolle für die Unternehmenskommunikation und deren Stellenwert. Ohne Kommunikation kann außerdem kein so schnelles Wachstum erreicht werden, vor allem nicht, wenn keine Ressourcen für einen gut ausgebauten Vertrieb vorhanden sind. Der Mangel an Mitteln stellt also durchaus ein Problem dar. So beschränken sich manche Startups auf einen Kommunikationsbereich – meist Marketingkommunikation – während sich einige wünschen, vor allem PR auszubauen.

Letztlich wird externe Unternehmenskommunikation in Startups also als strategische Kommunikation in der Hinsicht verstanden, dass übergeordnete Ziele mit dieser erreicht werden sollen. Zudem ergeben sich zwei Möglichkeiten, wie Unternehmenskommunikation in Startups aufgebaut sein kann: Sie kann in PR und Marketingkommunikation, die entweder komplett getrennt oder überlappend existieren, aufgeteilt oder PR kann der Marketingkommunikation untergeordnet werden.

C Typisierung von Startups hinsichtlich der externen Unternehmenskommunikation und ihrer Teilbereiche

Aus den bisherigen Erkenntnissen ergeben sich zwei Modelle für Unternehmenskommunikation und das Verhältnis ihrer Teilbereiche in Startups. Zur Erstellung und Erklärung der Modelle werden grundlegende Ergebnisse aufgegriffen. Auch die zugrunde gelegten theoretischen Ansätze leisten einen Beitrag, wobei die Unternehmenskommunikation von Startups nicht nur durch ein Konzept zu erfassen ist.

Auf der einen Seite existieren Startups, die Marketingkommunikation als übergeordneten Bereich betrachten, dem sich PR als ein Instrument unter vielen unterordnet (U1, U4, U5, U6). Dies ist sowohl im Paradigma des Transaktionsmarketings als auch im Relationship Marketing der Fall. Ersterem können die Befragten zugeordnet werden, die PR als Kommunikation betrachten, die vor allem dem Absatz dienlich sein soll (U1, U4, U6). Da der direkte und unmittelbare Effekt hierauf aber nicht erkannt wird, ist PR von untergeordneter Relevanz. Kommunikation ist insgesamt ganz auf ökonomische Ziele wie Kundengewinnung und damit Absatz- und Umsatzsteigerung ausgerichtet. Im Relationship Marketing, das auf ein Startup (U5) zutrifft, gilt PR als Instrument, das dem Beziehungsaufbau dienlich ist. Ihr dennoch untergeordneter Stellenwert ergibt sich hier, da der Beziehungsaufbau weniger wichtig erscheint als die Umsatzgenerierung. Daneben existieren kaum relevante Ziele für diese Gruppe. Entsprechend wird der Kunde als wichtigste Zielgruppe der Kommunikation angesehen, während Kooperationspartner zwar erwähnt werden, aber von untergeordneter Bedeutung sind. Medien oder andere Multiplikatoren, an die sich PR richtet, spielen ebenfalls nur eine geringe bis keine Rolle. PR wird zur Steigerung der Bekanntheit und zum Aufbau von Beziehungen zu Multiplikatoren allenfalls als Instrument eingesetzt, welches sich indirekt an die wichtige Zielgruppe der Kunden richtet und auch auf Investoren indirekt wirken kann. Marketingkommunikation wird dagegen ein höherer Stellenwert zugeschrieben, weil sie unmittelbar der Kundengewinnung dient. Die Ausrichtung dieser Kommunikationsbereiche an Zielgruppen des Marktes und des gesellschaftspolitischen Umfeldes erinnert an das Konzept von Zerfaß (vgl. Kapitel 3.D.I). Allerdings richtet sich PR letztlich an ein breites Publikum und kann auch potenzielle Kunden erreichen. Das Konzept ist auch insofern nicht treffend, als dass es PR und Marktkommunikation voneinander trennt und als gleichwertig betrachtet. Insgesamt liegt dieser Gruppe von Startups eine marketingorientierte Sichtweise auf Kommunikation zugrunde. Dabei sind vor allem die Ziele und Zielgruppen des Transaktionsmarketings vordergründig, wobei die dialogische Kommunikationsweise, die die Startups anwenden, laut der Theorie nicht diesem Paradigma entspricht (vgl. Kapitel 3.C).

Auch IR soll Berücksichtigung finden, da Kommunikation in Bezug auf Investoren relevant ist, obgleich diese nicht von allen Befragten realisiert wird. Da Marketingkommunikation in dieser Gruppe als übergeordnet gilt, müsste ihr IR – wie andere Kommunikationsinstrumente – unterstehen. Doch IR wird vielmehr als besondere Art von Kommunikation angesehen, auch in Folge der Anwendung direkter Kommunikation sowie ihres diskreten Ablaufes und der Zielgruppe. Sie wird nicht als der Marketingkommunikation zugehörig betrachtet und kann sich ihr somit nicht unterordnen. Als PR wird sie ebenso wenig verstanden, obwohl diese positive Auswirkungen auf Investoren haben kann. Es zeigt sich daher, dass IR, selbst wenn die Interviewpartner dies nicht explizit erwähnen, scheinbar einen eigenen Bereich darstellt. Dieser existiert außerhalb der Marketingkommunikation und erweitert die Unternehmenskommunikation, wie bereits im vorangegangenen Kapitel 6.B.VI erwähnt. Dabei ist IR unter Umständen aufgrund ihrer bedeutsamen Zielgruppe wichtiger als PR. Wie ein Modell zur externen Unternehmenskommunikation für diese Gruppen von Startups aussehen könnte, zeigt Abbildung 5 .

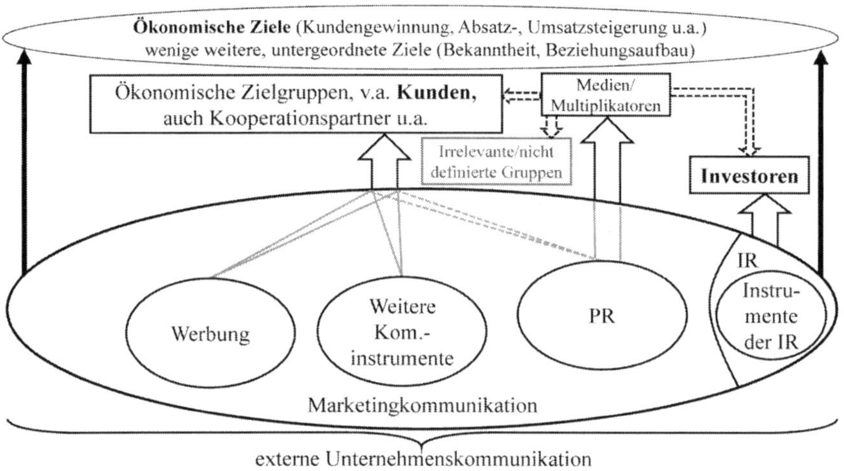

Abbildung 5: Modell zur Darstellung externer Unternehmenskommunikation für Startups, die Marketingkommunikation als übergeordnet betrachten Quelle: eigene Darstellung

Diesem Modell gegenüber steht eines, in dem PR und Marketingkommunikation als zwei Bereiche gesehen werden, die sich mehr oder weniger stark miteinander austauschen beziehungsweise dies tun sollten. U2, U3, U7, U8, U9 und U10 können hier eingeordnet werden. Dabei werden PR und Marketingkommunikation nur von einem Befragten als gleich relevant eingestuft, wobei auch dieser zugibt, vermehrt auf Marketingkommunikation zu setzen. Für drei weitere ist Marketingkommunikation wichtiger und zwei Befragte sprechen PR einen höheren Stellenwert zu. Die im Modell verschiebbare Trennungslinie soll die mögliche unterschiedliche Relevanz der

Bereiche verdeutlichen. Die Ziele dieser Gruppe von Startups sind differenzierter, wobei Kundengewinnung und Absatzsteigerung auch hier als besonders wichtig gelten. Marketingkommunikation richtet sich hier ebenfalls an Kunden, gilt als verkaufs- beziehungsweise vertriebslastig und ist zudem produktbezogen. Dagegen bezieht sich PR auf das Unternehmen als Ganzes und gelangt auch in diesem Modell meist über Multiplikatoren, die hier einen größeren Stellenwert haben, an andere Zielgruppen. Daneben werden Kooperationspartner von verschiedenen Interviewpartnern als Zielgruppe genannt, während weitere kaum eine Rolle spielen. Dieses Modell ähnelt, bedingt durch die Aufteilung in verschiedene Teilbereiche der Unternehmenskommunikation, nur scheinbar dem Konzept von Zerfaß (2010), da die Befragten keine Unterscheidung zwischen gesellschaftspolitischem und Marktumfeld vornehmen. Demnach ist die Trennung nicht in den Handlungsfeldern begründet, obgleich Marketingkommunikation eher als kunden- und damit marktbezogen gilt. Vielmehr scheint sie sich aus dem jeweiligen Kommunikationsobjekt zu ergeben, auf das sich die Kommunikationsbereiche beziehen, eben PR auf das Unternehmen und Marketingkommunikation auf das Produkt. Die Kommunikation mit Investoren, die auch hier direkter Natur ist und von den wenigsten Befragten als Marketingkommunikation oder PR betrachtet wird, ist nicht eindeutig einzuordnen. Da sie aber als besondere Kommunikation angesehen, teilweise von anderen Personen als den Kommunikatoren verantwortet wird und man sie „natürlich anders angehen" (B9) muss, sollte sie einen eigenen Bereich darstellen. Die Aussagen eines Befragten der Gruppe deuten darauf hin, dass IR innerhalb der Marketingkommunikation eingeordnet werden kann und Überschneidungen zu PR hat (B10). Allerdings schließt sich kein anderer dieser Haltung an, wohingegen weitere Interviewpartner einen indirekten Effekt von PR auf Investoren erkennen. Insgesamt kann IR hier also nicht eindeutig zugeordnet werden, weshalb davon ausgegangen werden muss, dass sie zwar ein eigener Bereich sein kann und womöglich in enger Beziehung zu den beiden anderen steht, aber auch untergeordnet existieren kann. Die möglichen Austauschbeziehungen und Überschneidungen zwischen den Bereichen werden durch die nicht durchgezogenen Linien, die IR umgibt, in Abbildung 6 dargestellt. Diese zeigt ein mögliches Modell der externen Unternehmenskommunikation für Startups, die Marketingkommunikation und PR trennen.

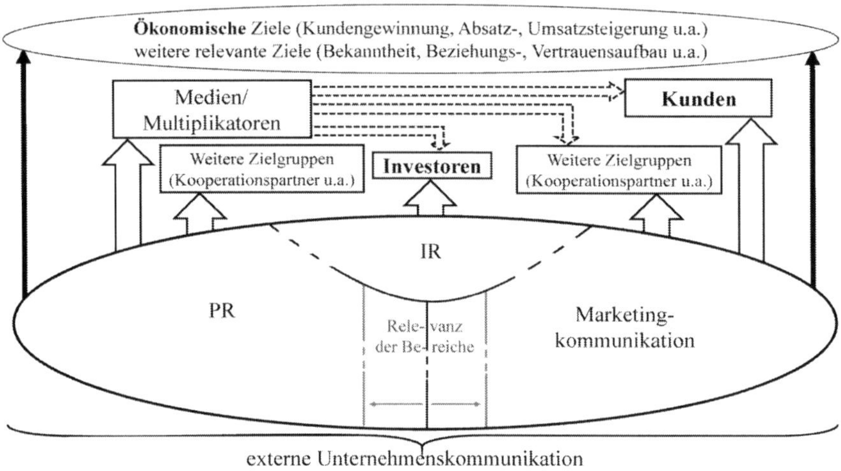

Abbildung 6: Modell zur Darstellung externer Unternehmenskommunikation für Startups, die PR und Marketingkommunikation als getrennte Bereiche betrachten

Quelle: eigene Darstellung

Wieso einige Startups PR der Marketingkommunikation unterordnen, während andere dies nicht tun, könnte durch verschiedene Aspekte erklärt werden. Einer hiervon ist die Relevanz, die den jeweiligen Bereichen beigemessen wird. Zweifellos ist der Stellenwert von PR im ersten Modell geringer, da ökonomische Ziele absolute Priorität haben und PR sich laut der Befragten hierauf nicht unmittelbar auswirkt. Doch auch die Startups, die Modell zwei zugeschrieben werden, sehen PR und Marketingkommunikation nicht immer als gleich wichtig an. Die Relevanz der Bereiche wird vor allem mit dem Fehlen vertrieblicher Strukturen erklärt, weshalb die meisten Unternehmen vermehrt auf Marketingkommunikation setzen. Andere nutzen aufgrund des Geschäftsmodells und der hohen Kosten für Marketingkommunikation, für deren Einsatz zunächst Daten gesammelt werden müssen, eher PR. Eine unterschiedliche organisatorische Verortung der Bereiche wäre darüber hinaus eine denkbare Erklärung. Da aber auch in Startups, in denen nur ein Kommunikationsverantwortlicher existiert, teilweise eine Trennung der Bereiche vorgenommen wird, ist dies keine adäquate Erläuterung. Weiterhin könnte als Erklärungsvariable dienen, welches Leistungsvermögen der PR und der Marketingkommunikation allgemein zugeschrieben wird. So ist anzunehmen, dass diejenigen, die PR unter Marketingkommunikation fassen, ihr eine geringere Zielerreichungskraft zuschreiben. Diese Vermutung sollte künftig genauer untersucht werden.

Grundsätzlich problematisch für beide Gruppen sind begrenzte finanzielle und damit einhergehende limitierte personelle Ressourcen. Diese wirken sich durchaus auf die Kommunikationsarbeit aus und führen dazu, dass diese an vielen Stellen nicht so umfassend und professionell betrieben werden kann, wie es sich einige der Befragten wünschen. So erklärt sich auch, weshalb drei der Interviewpartner PR eigentlich als allumfassende Kommunikation sehen, aber angeben, dies treffe auf Startups nicht zu. Ob dies für alle Startups gilt, lässt sich aufgrund der nicht repräsentativen Stichprobe nicht feststellen. Der Ressourcenmangel führt dazu, dass nur in drei Startups Kommunikationsexperten beschäftigt sind. In den anderen Startups ist man sich zwar oft darüber bewusst, dass Kommunikation und vor allem PR der Expertise von Profis bedarf. Prioritäten werden aber anders gesetzt, da nicht für alle Unternehmensbereiche gleichermaßen Budget aufgewendet werden kann.

D Auswirkungen der Personalstruktur auf die externe Kommunikation von Startups

Als letzte Forschungsfrage ist zu beantworten, welche Auswirkungen sich durch die Personalstruktur für die Unternehmenskommunikation ergeben. Denn diese kann vermutlich durchaus Kommunikationsverständnis und -strategie beeinflussen. Hierzu muss ein erneuter Blick auf die bisherigen Ergebnisse geworfen werden. Da diese bereits dargelegt und diskutiert wurden, wird in diesem Kapitel auf eine erneute Darstellung verzichtet.

Die Personalstruktur kann auf verschiedene Weise operationalisiert werden. So kann zum einen herangezogen werden, dass in einigen Startups Kommunikatoren mit fundierter Kommunikationserfahrung tätig sind. Dies gilt für U3, U5 und U9, in denen alle Verantwortlichen auf Kommunikationspraxis zurückblicken können, die bei B5 besonders langjährig ist. B3 und B9 haben zusätzlich ein Studium im Kommunikationsbereich absolviert. Auch B8 gibt an, Kommunikationserfahrung zu haben. Dies muss im Vergleich zu den anderen Befragten relativiert werden, da seine akademische und praktische Kommunikationserfahrung deutlich geringer ist. Die übrigen Befragten haben schwerpunktmäßig wirtschaftswissenschaftliche oder informationstechnologische Studiengänge absolviert und auch in beruflicher Hinsicht keine Kommunikationserfahrung vorzuweisen. Zur Personalstruktur zählt zudem, ob die Kommunikation vom Gründer selbst ausgeführt wird, einer oder mehrere unternehmensinterne Mitarbeiter zuständig sind oder ob externe Dienstleister mitwirken.

Generell erwähnenswert ist, dass in drei Startups nicht die Gründer selbst für Kommunikation verantwortlich sind. In U3 und U9 wurden hierfür eigens Mitarbeiter eingestellt. Auch in U8 übernimmt ein Nicht-Gründer die Kommunikation. Es ist jedoch nicht das Hauptaufgabengebiet des Mitarbeiters. In den anderen sieben Unternehmen ist dagegen der Gründer selbst Kommunikationsverantwortlicher.

Zusammenhang zwischen Personalstruktur und Kommunikationsstrategie

In Unternehmen, in denen der Gründer für die Kommunikation zuständig ist, und in den Startups, in denen sich interne Mitarbeiter mit Kommunikation beschäftigen, gelten in fünf von sieben Fällen Kooperationspartner als Kommunikationszielgruppen beziehungsweise Multiplikatoren (U1, U2, U5, U6, U7). Dagegen sind in keinem der Unternehmen, in denen andere Mitarbeiter oder zusätzlich externe Berater oder Agenturen Kommunikationsaufgaben übernehmen, Kooperationspartner Zielgruppen der Kommunikation. In Bezug auf weitere Zielgruppen lässt sich kein Zusammenhang feststellen (vgl. Kapitel 6.A.I). Bezogen auf die Ziele scheint es keine Verbindung zur Personalstruktur zu geben. So ist zwar in U1, U4 und U6, die besonders Ziele des Transaktionsmarketings verfolgen, keine Kommunikationserfahrung vorhanden, der Gründer ist bei allen dreien für die Kommunikation zuständig und es gibt nur einen Kommunikationsverantwortlichen im Unternehmen. Allerdings gelten die ersten beiden Punkte auch für U2 und U7, die besonders differenzierte Ziele verfolgen. Die Unternehmen, in denen eigens Mitarbeiter mit Kommunikationserfahrung arbeiten, haben ebenfalls ausdifferenziertere Ziele als U1, U4 und U6 (vgl. Kapitel 6.A.II). Da dies auch in anderen Startups der Fall ist, besteht scheinbar kein Zusammenhang. Die Beziehung zwischen Personalstruktur und strategischer Planung wird bereits in Kapitel 6.A.III festgestellt, soll hier der Vollständigkeit halber aber aufgegriffen werden. So existiert in drei Unternehmen ein „Redaktionsplan“ (B3), „ein Themenplan“ (B5) oder „Spreadsheet“ (B5) und „alles, was bei uns gerade passiert, beruht auf Planung“ (B9). Zwar halten auch einige andere Befragte Planung grundsätzlich für wichtig und haben „ein bisschen so eine Pipeline an Dingen, die wir irgendwie machen“ (B7). Ein genaueres Kommunikationskonzept existiert aber nicht. Während einige Unternehmen eine grobe oder zumindest kurzfristige Planung betreiben, ist dies in U6 und U8 nicht der Fall. Bekannt ist bereits, dass die Startups, in denen erfahrene Kommunikationsexperten arbeiten, eine relativ fundierte strategische Planung durchführen. Es ist zu vermuten, dass sie zum einen in der akademischen Ausbildung gelernt haben, dass Kommunikation strategisch geplant werden sollte und sich letztlich positiv auf den Erfolg auswirken kann. Zum anderen dürften diese Befragten entsprechende praktische Erfahrungen gemacht haben. In diesen Unternehmen wird zudem besonderer Wert auf die Abstimmung der Kommunikationsmaßnahmen gelegt. Auffällig ist diesbezüglich, dass B8, der nach eigenen Angaben akademische und berufliche Erfahrungen in der Kommunikation aufweist, weder strategische Planung noch Abstimmung betreibt. Eine solche fände er gleichwohl „wünschenswert" (B8), was darauf schließen lässt, dass vor allem die Umstände eine solche verhindern. B1 und B4 geben an, die Abstimmung der Kommunikationsmaßnahmen passiere eher unbewusst, da nur eine Person im Unternehmen für Kommunikation zuständig sei. Damit ist hier der Zusammenhang zur Personalstruktur gegeben. Allerdings findet in anderen Startups, obwohl auch hier teilweise nur ein Mitarbeiter für Kommunikation zuständig ist, eine Abstimmung statt, was diesen Zusammenhang wiederum relativiert. Weitere Beziehungen zwischen strategischer Planung beziehungsweise integrierter Kommunikation und den Faktoren, die sich auf die Personalstruktur beziehen, können nicht eindeutig ausgemacht werden.

Zusammenhang zwischen Personalstruktur und Kommunikationsverständnis

In Bezug auf das Kommunikationsverständnis wurde zunächst die Kommunikationsweise beleuchtet und festgestellt, dass symmetrische und argumentative Kommunikation bevorzugt wird (vgl. Kapitel 6.B.I). Dabei können weder die einheitlich beantworteten Aspekte noch die Komponenten, hinsichtlich derer unter den Befragten eine ambivalente Meinung herrscht, wie Objektivität der Kommunikation und der Wunsch, besonders umfassende Informationen zu verbreiten, auf einen besonderen Zusammenhang zur Personalstruktur zurückgeführt werden. Auch auf die Definition von Marketingkommunikation und PR scheint die Personalstruktur keine Auswirkungen zu haben. Doch ist Marketingkommunikation für alle Interviewpartner auf die Zielgruppe der Kunden ausgerichtet und wird von sieben Befragten (B2, B3, B5, B7, B8, B9, B10), zwischen denen ebenfalls kein Zusammenhang feststellbar ist, als produktbezogen beschrieben. PR wird vor allem von B1, B2, B4, B5 und B6 explizit als Presse- beziehungsweise Medienarbeit gesehen. Außerdem ergibt sich aus den Aussagen der Mehrheit der Interviewpartner (B2, B3, B4, B7, B8, B9, B10), dass PR sich auf das Unternehmen als Ganzes bezieht (vgl. Kapitel 6.B.II). Hier lässt sich abermals kein Zusammenhang zur Personalstruktur erkennen. Ein Blick soll auch auf die Vertriebskommunikation geworfen werden, die von B6 und B10 sowie am Rande von B8 erwähnt wird. Es ist festzustellen, dass diese Befragten – abgesehen von B8 – keine Kommunikationserfahrung haben und der Gründer die Aufgabe der Kommunikation übernimmt. Da dies jedoch auch in Startups anderer Befragter, die nicht auf Vertriebskommunikation eingehen, der Fall ist, besteht keine eindeutige Wechselbeziehung.

Als nächstes wird das Verhältnis betrachtet, in dem PR und ihre Nachbardisziplinen stehen. Vier der Befragten (B1, B4, B5, B6) ordnen PR der Marketingkommunikation unter, wie in Kapitel 6.B.III ausgeführt wurde. Diese Interviewpartner sind ausschließlich Gründer und als einzige in ihrem Unternehmen für die Kommunikation verantwortlich. Einzig B5 weist von ihnen fundierte Kommunikationserfahrung auf. Diejenigen, die Marketingkommunikation und PR als zwei Säulen sehen, geben ein differenzierteres Bild ab. So sind darunter Kommunikationsexperten (B3, B9), unerfahrene Kommunikatoren (B2, B7, B10) und eine Person mit Grunderfahrungen (B8). Drei dieser Befragten sind angestellte Mitarbeiter (B3, B8, B9), während weitere drei (B2, B7, B10) Gründer sind. Unterschiede ergeben sich auch in Bezug auf die Anzahl der internen Kommunikationsverantwortlichen und auf die Zusammenarbeit mit externen Beratern. Daher lässt sich hier abermals nicht durch die Personalstruktur erklären, in welchem Verhältnis die verschiedenen Kommunikationsbereiche im Unternehmen zueinander stehen. Hinsichtlich der Relevanz externer Kommunikation im Allgemeinen herrscht unter den Befragten weitgehend Einigkeit (vgl. Kapitel 6.B.V). Nur B6 gibt an, Kommunikation sei generell kaum von Bedeutung. B3 empfindet sie zwar als wichtig, ordnet sie aber im Moment dem Vermarktungsaspekt unter. Äußerungen wie „ich wünschte, ich hätte ein bisschen mehr Budget. Ich würde sehr gerne mehr machen" (B3), lassen auf eine allgemeine Unzufriedenheit diesbezüglich schließen und zeigen, dass der Befragte Kommunikation, insbesondere PR, durchaus für relevant hält, sich aber den momentanen Gegebenheiten fügen muss. Die scheinbare Unzufriedenheit könnte in der tatsächlichen Situation begründet sein oder darin, dass der Befragte ein Kommunikationsexperte mit theoretischem und praktischem Know-how ist und damit um den Stellenwert weiß. Insgesamt wird externe Kommunikation in den Unternehmen, in denen Kommunikationsverantwortliche mit Erfahrung arbeiten, als wichtig angesehen, jedoch auch in den anderen Startups. Hinsichtlich der einzelnen Kommunikationsbereiche stellt Kapitel 6.B.V fest, dass PR in U7 und U9 eine höhere Bedeutung als Marketingkommunikation hat, während diese in U1, U3, U4,

U5, U8 und U10 wichtiger ist. B2 gibt an, beide Bereiche seien gleich wichtig, obwohl verstärkt Marketingkommunikation betrieben wird. Für B6 sind beide Kommunikationsbereiche von untergeordneter Bedeutung. Betrachtet man die Personalstruktur, ergibt sich ebenfalls kein Zusammenhang. Erwähnenswert erscheint einzig, dass die Befragten (B3, B4, B10), die angeben, zeitweise mit externen Beratern zusammenzuarbeiten, diese mit PR-Aufgaben und nicht mit Marketingkommunikation betrauen. Dies könnte darauf schließen lassen, dass man sich selbst für unerfahren bezüglich PR hält und dies eingesteht (B4, B10) oder Aufgaben aufgrund der zeitlich begrenzten Ressourcen ausgelagert werden müssen (B3). Dabei scheinen die Unternehmen lieber die weniger relevante PR auszulagern, während die als wichtiger angesehene Marketingkommunikation selbst in die Hand genommen wird. Bezüglich IR dient abermals nicht die Personalstruktur als Erklärungsfaktor, sondern der Finanzbedarf der Startups (vgl. Kapitel 6.B.IV).

Insgesamt lässt sich also für Forschungsfrage 3 ‚Welche Auswirkungen ergeben sich durch die Personalstruktur in Startups für die externe Unternehmenskommunikation?‘ festhalten, dass sich nur sehr wenige Zusammenhänge feststellen lassen. Grundsätzlich auffällig ist die allgemein geringe Kommunikationsexpertise in den Startups und die häufige Verantwortung für Kommunikation durch den Gründer, was mit dem Mittelstand vergleichbar ist (Fischbach & Mack, 2008, S. 117; Schütte, 2011, S. 196; Zerfaß et al., 2015, S. 41; vgl. Kapitel 2.D). Deutliche Zusammenhänge ergeben sich in Bezug auf die Kommunikationserfahrung und die strategische Planung. Diese ist in Unternehmen, in denen Kommunikationsexperten arbeiten, im Vergleich zu den anderen Startups besonders ausgereift. Hinsichtlich der Abstimmung der Kommunikation zeigt sich ein ähnliches, wenn auch nicht ganz so eindeutiges Bild, da auch in anderen Startups integrierte Kommunikation betrieben wird. Der berufliche und akademische Hintergrund scheint durchaus eine Rolle zu spielen. Dies wird nicht zuletzt daran ersichtlich, dass beispielsweise B10, dessen Schwerpunkt in Ausbildung und Beruf auf Wirtschaft und Finanzen lag, eine intensive Kommunikation mit Investoren betreibt. Zwischen dem Kommunikationsverständnis und der Personalstruktur lassen sich dagegen keine eindeutigen Zusammenhänge feststellen. Es ist daher insgesamt festzuhalten, dass sich die Personalstruktur teilweise auf die Kommunikationsstrategie, aber nicht auf das Kommunikationsverständnis auszuwirken scheint. Dabei sind die Ergebnisse in Bezug auf die Kommunikationserfahrung besonders deutlich, wohingegen andere Komponenten kaum eine Rolle zu spielen scheinen. Wieso dies der Fall ist, kann nur vermutet werden. Wahrscheinlich ist, dass Kommunikationsverantwortliche von den so wichtigen ökonomischen Zielen in

Startups dermaßen geprägt werden, dass sie diese Perspektive übernehmen und entsprechend ökonomische Ziele und Zielgruppen als besonders relevant einstufen. Es ist davon auszugehen, dass die Gegebenheiten, denen Startups ausgesetzt sind, Kommunikationsverantwortliche dazu zwingen, sich diesen anzupassen und entsprechend zu handeln. So übernehmen die Kommunikatoren wohl das Verständnis und ordnen sich den Bedürfnissen des Startups unter. In zukünftigen Untersuchungen sollte in diese Richtung weiter geforscht werden, um etwaige Zusammenhänge genauer zu überprüfen. Die Tatsache, dass gelernte Kommunikatoren trotz des Startup-Einflusses eher strategisch planen, könnte daran liegen, dass sie dies in ihrer bisherigen Laufbahn erlernt und für sinnvoll befunden haben. Speziell die beiden eigens eingestellten Kommunikatoren dürften angestellt worden sein, um die Kommunikation zu strukturieren und diese noch gezielter auf den Unternehmenserfolg auszurichten. Von Mitarbeitern mit Kommunikationsexpertise erhoffen sich Gründer meist strategische Veränderungen, wobei sie im Gegenzug die Verantwortung für Kommunikation aus der Hand geben.

7 Theoretische und praktische Herausforderungen für die Kommunikation von Startups

Die vorliegende Arbeit untersucht die externe Unternehmenskommunikation von Startups – soweit bekannt – erstmals wissenschaftlich. Sie hat es sich zum Ziel gesetzt, das in Startups vorherrschende Kommunikationsverständnis und die angewandte Kommunikationsstrategie zu beleuchten. Hierfür wurde eine breite Definition von Unternehmenskommunikation zugrunde gelegt, um verschiedene Teilbereiche wie PR und Marketingkommunikation aus unterschiedlichen Blickwinkeln betrachten zu können. Dies war notwendig, da die Kommunikation von Startups in der wissenschaftlichen Literatur bis dato kaum Beachtung gefunden hat.

Es zeigt sich, dass sich durchaus ambivalente Verständnisse und Strategien von Unternehmenskommunikation in Startups identifizieren lassen. Zwar ist der Stellenwert externer Kommunikation nahezu unbestritten, es ergeben sich in Bezug auf die Teilbereiche jedoch unterschiedliche Verständnisse, Relevanzzuschreibungen und abweichende Strategien. An einigen Stellen werden Parallelen zum Mittelstand deutlich, wie beispielsweise in der wenig professionellen strategischen Planung oder hinsichtlich der Ziele und Zielgruppen. Auch die speziellen Merkmale von Startups spielen eine Rolle für die Kommunikationsarbeit. Auf eine weitere Beleuchtung der Ergebnisse wird an dieser Stelle verzichtet, da dies in den einzelnen Kapiteln bereits ausführlich geschehen ist. Stattdessen werden eine kritische Würdigung vorgenommen und mögliche Implikationen für weitere Forschung gegeben.

Insgesamt erfüllt die Arbeit den Anspruch, einen Überblick über Kommunikationsverständnis und -strategie von Startups zu geben. Dennoch kann sie nicht kritiklos bleiben. So mussten aus Mangel an theoretischen Konzepten bezüglich Kommunikation von Startups Ansätze herangezogen werden, die nicht speziell für Startups entworfen wurden. Neben den ausgewählten Konzepten wären sicherlich weitere für eine Untersuchung geeignet. Auch die Betrachtung aus dem Blickwinkel einer anderen Disziplin wie der Organisationstheorie ist möglich. Eine offene Herangehensweise durch die Zugrundelegung verschiedener Ansätze aus der Betriebswirtschaftslehre und der Kommunikationswissenschaft hat sich aber durchaus als lohnenswert erwiesen, da die Unternehmenskommunikation von Startups nicht nur durch eines der angeführten Konzepte erfasst werden kann.

Sie leisten gemeinsam einen Beitrag zur Entwicklung der in Kapitel 6.C vorgestellten Modelle.

Der Mangel an Repräsentativität, der der gewählten Methode geschuldet ist, ist zu kritisieren. Diese war allerdings weder zu erwarten noch wurde eine Verallgemeinerung der Ergebnisse angestrebt. Dennoch ist kritisch anzumerken, dass keine gesicherten Aussagen für *die Startups* allgemein getroffen werden können. Andere Erklärungsvariablen für die aufgedeckten Zusammenhänge sind ebenso denkbar. Es kann beispielsweise nicht davon ausgegangen werden, dass alle Startups externe Unternehmenskommunikation als irrelevant betrachten, sobald sie über umfangreiche vertriebliche Strukturen verfügen. Für vorliegende Stichprobe trifft dies jedoch zu.

Die Verteilung der Stichprobe scheint insgesamt ausgewogen, da sich die Startups zwar nicht genau gleich, aber gleichmäßig und mit keinem allzu großen Übergewicht in einer Gruppe in die Modelle einordnen lassen. Dennoch weist die angewandte Methodik weitere Schwächen auf, die sich auf die Ergebnisse auswirken. So führt das explorative Vorgehen zur Aufdeckung neuer Aspekte, wobei es nicht möglich war, diese in Gänze zu beleuchten und vollständig zu erklären. Dies war für das Forschungsvorhaben aber auch nicht vorgesehen. An einigen Stellen können also sicherlich noch tiefergehende Analysen und Interpretationen durchgeführt werden. Auf Basis der in dieser Arbeit festgestellten Aspekte sollte weitere Forschung betrieben werden. So erwies es sich beispielsweise als vorteilhaft, ein breites Verständnis von Unternehmenskommunikation zugrunde zu legen und die Befragten zunächst für sich definieren zu lassen, was sie unter PR und Marketingkommunikation verstehen. Auf Grundlage dieser Erkenntnisse sollten in zukünftigen Untersuchungen Definitionen vorgegeben werden, um diese zu prüfen und ein genaueres Bild zu erhalten. Auch sollten die Kommunikationsmaßnahmen, auf denen hier nicht der Fokus lag, vermehrt einbezogen und von den Befragten selbst explizit einem Bereich zugeordnet werden, um so eine trennschärfere Abgrenzung zwischen PR und Marketingkommunikation zu ermöglichen. Darauf aufbauend dürfte das Verständnis der verschiedenen Teilbereiche der Unternehmenskommunikation noch fundierter zu erörtern sein. Kritisch angemerkt werden muss außerdem, dass keine abschließende Klärung der Einordnung von IR im Rahmen dieser Arbeit vorgenommen werden konnte. Da dieses Gebiet grundsätzlich weiterer Forschung bedarf, war dies aber weder zu leisten noch Ziel der Untersuchung.

Wünschenswert ist, durch Folgestudien zu ergründen, ob die beiden in Kapitel 6.C vorgestellten Modelle auf andere Startups übertragbar sind. Unter Umständen ergeben sich noch weitere Unterschiede im Kommunikationsverständnis oder der Strategie. Dies ist möglicherweise auf die jeweilige Branche oder das Geschäftskonzept zurückzuführen, welches zum Beispiel die Ausrichtung des Unternehmens auf den B2B- oder B2C-Bereich umfasst. Durch eine weitere qualitative Untersuchung könnten zusätzliche Modelle ermittelt beziehungsweise die Vorhandenen differenziert werden. Mit Hilfe quantitativer Forschung wären die Ergebnisse zu überprüfen. Im Zuge dessen ist außerdem festzustellen, ob die Modelle tatsächlich nur auf Startups Anwendung finden oder auch auf andere Unternehmensformen wie etwa auf solche im Mittelstand mit ähnlichen Strukturmerkmalen zutreffen. Auch der Zusammenhang zwischen Kommunikation und den tatsächlich vorhandenen finanziellen Mitteln konnte, bedingt durch fehlende Daten bezüglich Umsatz und Bilanzsumme, nicht hergestellt werden. Es ist fraglich, ob sich dies in einer weiteren Untersuchung anders verhält. Dennoch sollte versucht werden, diesen Aspekt einzubeziehen. Daneben sollte in zukünftigen Studien ein genauerer Blick auf weitere Rahmenbedingungen geworfen werden. So befindet sich U3 zwar in der Frühentwicklungsphase, was aber der Umstellung des Geschäftsmodells geschuldet ist. Die Ressourcen, die im Unternehmen vorhanden sind, dürften diejenigen anderer Startups in dieser Phase übersteigen. Solche Aspekte konnten hier – auch wegen der fehlenden Daten bezüglich finanzieller Gegebenheiten – nicht umfassend berücksichtigt werden, könnten aber wertvolle Erkenntnisse liefern. Des Weiteren wäre zu untersuchen, ob die Kommunikationsarbeit Auswirkungen auf den tatsächlichen Erfolg von Startups hat. Nicht jedes Startup reift innerhalb weniger Jahre zum *next big thing* und damit zu einem wirtschaftlich bedeutenden Unternehmen. Hierfür könnte neben der rein ökonomischen Unternehmenstätigkeit die Kommunikationsarbeit verantwortlich sein. Um dies zu untersuchen, müsste in einer späteren Lebensphase angesetzt und in der Zeit zurückgeblickt werden, was sich aufgrund der externen und internen Dynamiken schwierig gestalten dürfte.

Die Forschung steht in Bezug auf Startups vor einem grundsätzlichen Problem, da nach wie vor keine einheitliche Definition für diese Unternehmensform existiert. Wird unter einem Begriff nicht immer dasselbe verstanden, gelangt konsequenterweise auch die Forschung – sei es in Bezug auf Kommunikation oder andere Aspekte – nicht zwingend zu widerspruchsfreien Ergebnissen. Daher ist es dringend nötig, neben der kommunikationswissenschaftlichen ebenso die betriebswirtschaftliche Forschung voranzutreiben, um auf einem allgemein anerkannten Grundgerüst aufbauen zu können. Dann ergeben sich womöglich auch in Bezug auf Unternehmenskommunikation weitere oder andere Ergebnisse.

Insgesamt konnte mit der Studie ein *blinder Fleck* in der Forschung an einigen Stellen erhellt werden, indem ein Überblick über das Verständnis von Unternehmenskommunikation und ihre strategische Ausführung gegeben wurde. Da sich bestätigt hat, dass „eine Marke wie Zalando [...] nicht durch Schweigen“ (Neuen, 2013, S. 16) aufgebaut werden kann, kann diese Arbeit nicht mehr als ein erster Schritt in diesem Forschungsgebiet sein. Schließlich müssen nicht nur weitere weiße Flächen auf der Landkarte der Theorie gefüllt werden. Auch von Praktikern, die sich in Startups mit Kommunikation beschäftigen, wird weitere Forschung durchaus begrüßt, wie ich an den Reaktionen meiner Gesprächspartner feststellen durfte. Eine weitere Untersuchung der Kommunikationsarbeit von Startups kann den Verantwortlichen, die sich – wie die Theorie in diesem Bereich – auf unbekanntem Territorium bewegen, Grundlagen für ihre Arbeit bieten. Denn selbst erfahrene Kommunikatoren geben zu bedenken, Kommunikation sei „für ein Startup noch mal was ganz anderes“ (B3).

Literaturverzeichnis

Achleitner, A.-K. & Bassen, A. (2003). Grundüberlegungen zum Controlling in jungen Unternehmen. In A.-K. Achleitner & A. Bassen (Hrsg.), *Controlling von jungen Unternehmen* (S. 3-25). Stuttgart: Schäffer-Poeschel.

Achleitner, A.-K., Bassen, A. & Fieseler, C. (2008). Finanzkommunikation. Die Grundlagen der Investor Relations. In M. Meckel & B. F. Schmid (Hrsg.), *Unternehmenskommunikation. Kommunikationsmanagement aus Sicht der Unternehmensführung* (2., überarb. u. erw. Aufl., S. 261-288). Wiesbaden: Gabler.

American Marketing Association. (2015). *Dictionary.* Zugriff am 31.07.2015. Verfügbar unter https://www.ama.org/resources/Pages/Dictionary.aspx?dLetter=M

Avenarius, H. (2008). *Public Relations. Die Grundform der gesellschaftlichen Kommunikation* (3. Aufl.). Darmstadt: WBG.

Balsys, S. (2004). *Public Relations in mittelständischen Unternehmen. Grundlagen, Praxis, Perspektiven.* Düsseldorf: VDM.

Becker, J. (2013). *Marketing-Konzeption. Grundlagen des ziel-strategischen und operativen Marketing-Managements* (10., überarb. u. erw. Aufl.). München: Franz Vahlen.

Bentele, G. (1995). Was ist eigentlich PR? Eine Positionsbestimmung und einige Thesen. *Widerspruch, 28,* 11-26.

Bentele, G. (2013). Der Diskurs über PR-Geschichte und PR-Historiographie in Deutschland und international. In O. Hoffjann & S. Huck-Sandhu (Hrsg.), *UnVergessene Diskurse. 20 Jahre PR- und Organisationskommunikationsforschung* (S. 197-235). Wiesbaden: Springer VS.

Bentele, G. & Nothhaft, H. (2014). Konzeption von Kommunikationsprogrammen. In A. Zerfaß & M. Piwinger (Hrsg.), *Handbuch Unternehmenskommunikation. Strategie – Management – Wertschöpfung* (2., vollst. überarb. Aufl., S. 607-632). Wiesbaden: Springer Gabler.

Bentele, G. & Will, M. (2008). Public Relations als Kommunikationsmanagement. In M. Meckel & B. F. Schmid (Hrsg.), *Unternehmenskommunikation. Kommunikationsmanagement aus Sicht der Unternehmensführung* (2., überarb. u. erw. Aufl., S. 153-185). Wiesbaden: Gabler.

Blut, M. (2008). *Der Einfluss von Wechselkosten auf die Kundenbindung. Verhaltenstheoretische Fundierung und empirische Analyse.* Wiesbaden: Gabler.

Boenigk, M. (2008). Modelle der Integrierten Kommunikation. In F.-U. Siems, M. Brandstätter & H. Gölzner (Hrsg.), *Anspruchsgruppenorientierte Kommunikation. Neue Ansätze zu Kunden-, Mitarbeiter- und Unternehmenskommunikation* (S. 281-298). Wiesbaden: VS Verlag für Sozialwissenschaften.

Brettel, M. (2002). Business Angels – Finanzierung und informelle Hilfe in frühen Phasen. In U. Hommel & T. C. Knecht (Hrsg.), *Wertorientiertes Start-up-Management. Grundlagen, Konzepte, Strategien* (S. 355-369). München: Vahlen.

Brettel, M., Engelen, A., Heinemann, F. & Kessell, A. (2008). Marktorientierte Unternehmenskultur als Erfolgsfaktor in jungen Wachstumsunternehmen. *Zeitschrift für Betriebswirtschaft, 78*(11), 1197-1220.

Brettel, M., Rudolf, M. & Witt, P. (2005). *Finanzierung von Wachstumsunternehmen. Grundlagen – Finanzierungsquellen – Praxisbeispiele*. Wiesbaden: Gabler.

Brosius, H.-B., Haas, A. & Koschel, F. (2012). *Methoden der empirischen Kommunikationsforschung. Eine Einführung* (6., erw. u. aktual. Aufl.). Wiesbaden: Springer VS.

Bruhn, M. (1995). *Integrierte Unternehmenskommunikation. Ansatzpunkte für eine strategische und operative Umsetzung integrierter Kommunikationsarbeit* (2., überarb. u. erw. Aufl.). Stuttgart: Schäffer-Poeschel.

Bruhn, M. (2000). Integrierte Kommunikation und Relationship Marketing. In M. Bruhn, S. J. Schmidt & J. Tropp (Hrsg.), *Integrierte Kommunikation in Theorie und Praxis. Betriebswirtschaftliche und kommunikationswissenschaftliche Perspektiven. Mit Meinungen und Beispielen aus der Praxis* (S. 3-20). Wiesbaden: Betriebswirtschaftlicher Verlag Dr. Th. Gabler.

Bruhn, M. (2003). Strategische Ausrichtung des Relationship Marketing. In A. Payne & R. Rapp (Hrsg.), *Handbuch Relationship Marketing. Konzeption und erfolgreiche Umsetzung* (2., vollst. überarb. u. erw. Aufl., S. 45-57). München: Franz Vahlen.

Bruhn, M. (2005). *Unternehmens- und Marketingkommunikation. Handbuch für ein integriertes Kommunikationsmanagement*. München: Franz Vahlen.

Bruhn, M. (2008a). Integrierte Kommunikation. In M. Meckel & B. F. Schmid (Hrsg.), *Unternehmenskommunikation. Kommunikationsmanagement aus Sicht der Unternehmensführung* (2., überarb. u. erw. Aufl., S. 513-556). Wiesbaden: Gabler.

Bruhn, M. (2008b). *Lexikon der Kommunikationspolitik. Begriffe und Konzepte des Kommunikationsmanagements*. München: Franz Vahlen.

Bruhn, M. (2009). Kommunikationspolitik im Relationship Marketing. In M. Bruhn, F.-R. Esch & T. Langner (Hrsg.), *Handbuch Kommunikation. Grundlagen – Innovative Ansätze – Praktische Umsetzungen* (S. 485-510). Wiesbaden: Gabler.

Bruhn, M. (2014a). *Integrierte Unternehmens- und Markenkommunikation. Strategische Planung und operative Umsetzung* (6. Aufl.). Stuttgart: Schäffer-Poeschel.

Bruhn, M. (2014b). *Marketing. Grundlagen für Studium und Praxis* (11., überarb. Aufl.). Wiesbaden: Springer Gabler.

Bruhn, M. (2015a). *Kommunikationspolitik. Systematischer Einsatz der Kommunikation für Unternehmen* (8., überarb. Aufl.). München: Franz Vahlen.

Bruhn, M. (2015b). *Relationship Marketing. Das Management von Kundenbeziehungen* (4., überarb. Aufl.). München: Franz Vahlen.

Bruhn, M. & Ahlers, G. M. (2009). Zur Rolle von Marketing und Public Relations in der Unternehmenskommunikation. Bestandsaufnahme und Ansatzpunkte zur verstärkten Zusammenarbeit. In U. Röttger (Hrsg.), *Theorien der Public Relations. Grundlagen und Perspektiven der PR-Forschung* (2., aktual. u. erw. Aufl., S. 299-315). Wiesbaden: VS Verlag für Sozialwissenschaften.

Bundesministerium für Wirtschaft und Technologie. (2013). *Gründerland Deutschland: Zahlen und Fakten. Unternehmensgründungen und Gründergeist in Deutschland.* Zugriff am 18.07.2015. Verfügbar unter https://www.bmwi.de/BMWi/Redaktion/PDF/F/factbook-gruenderland-deutschland,property=pdf,bereich=bmwi2012,sprache=de,rwb=true.pdf

Bundesministerium für Wirtschaft und Technologie. (2015). *Existenzgründungsportal des BMWi.* Zugriff am 11.08.2015. Verfügbar unter http://www.existenzgruender.de/DE/Home/inhalt.html

Bürkle, T. (2005). Unternehmen. In K. Schubert (Hrsg.), *Handwörterbuch des ökonomischen Systems der Bundesrepublik Deutschland* (S. 378-381). Wiesbaden: VS Verlag für Sozialwissenschaften.

Chrisman, J. J., Bauerschmidt, A. & Hofer, C. W. (1998). The Determinants of New Venture Performance: An Extended Model. *Entrepreneurship Theory and Practice, 23*(1), 5-29.

De, D. A. (2005). *Entrepreneurship. Gründung und Wachstum von kleinen und mittleren Unternehmen*. München: Pearson Studium.

Demant, C. (2014). *Erfolgreich ein Software-Startup gründen. Tipps und Erfahrungen eines versierten Unternehmers*. Berlin: Springer.

Diehm, J. (2014). *Controlling in Start-up-Unternehmen. Praxisbuch für junge Unternehmen und Existenzgründungen*. Wiesbaden: Springer Gabler.

Eisend, M. (2003). *Glaubwürdigkeit in der Marketingkommunikation. Konzeption, Einflussfaktoren und Wirkungspotenzial*. Wiesbaden: Deutscher Universitäts-Verlag.

Esman, M. J. (1972). The Elements of Institution Building. In J. W. Eaton (Hrsg.), *Institution Building and Development* (S. 19-40). Beverly Hills: Sage.

Estanyol, E. (2012). Marketing, public relations, and how Web 2.0 is changing their relationship: A qualitative assessment of PR consultancies operating in Spain. *Public Relations Review, 38*(5), 831-837.

Europäische Kommission. (2006). *Die neu KMU-Definition. Benutzerhandbuch und Mustererklärung*. Zugriff am 31.07.2015. Verfügbar unter http://ec.europa.eu/enterprise/policies/sme/files/sme_definition/sme_user_guide_de.pdf

European Commission. (2015). *Horizon 2020. The EU Framework Programme for Research and Innovation*. Zugriff am 01.08.2015. Verfügbar unter https://ec.europa.eu/programmes/horizon2020/

Evans, J. R. & Laskin, R. L. (1994). The Relationship Marketing Process: A Conceptualization and Application. *Industrial Marketing Management, 23*(5), 439-452.

Fink, S. (2009). Strategische Kommunikation für Technologie und Innovationen. Konzeption und Umsetzung. In A. Zerfaß & K. M. Möslein (Hrsg.), *Kommunikation als Erfolgsfaktor im Innovationsmanagement. Strategien im Zeitalter der Open Innovation* (S. 209-225). Wiesbaden: Gabler.

Fischbach, C. & Mack, J. (2008). *Mittelstandskommunikation*. Konstanz: UVK.

Fischer, T. E. (2006). *Unternehmenskommunikation und Neue Medien. Das neue Medium Weblogs und seine Bedeutung für die Public-Relations-Arbeit*. Wiesbaden: Deutscher Universitäts-Verlag.

Flick, U. (2012). *Qualitative Sozialforschung. Eine Einführung* (5. Aufl.). Reinbek bei Hamburg: Rowohlt.

Förderkreis Gründungs-Forschung e.V. (2015). *Entrepreneurship-Professuren an öffentlichen und privaten Hochschulen in Deutschland, Stand März 2015 (Sortierung nach Standort)*. Zugriff am 18.07.2015. Verfügbar unter http://www.fgf-ev.de/wp-content/uploads/2015/03/E-Professuren-17-03-2015.pdf

Freeman, R. E. (2010). *Strategic Management: A stakeholder approach*. Cambridge: Cambridge University Press.

Fröhlich, R. (2015). Zur Problematik der PR-Definition(en). In R. Fröhlich, P. Szyszka & G. Bentele (Hrsg.), *Handbuch der Public Relations. Wissenschaftliche Grundlagen und berufliches Handeln. Mit Lexikon* (3., überarb. u. erw. Aufl., S. 103-120). Wiesbaden: VS Verlag für Sozialwissenschaften.

Fuchs, W. & Unger, F. (2014). *Management der Marketing-Kommunikation* (5., überarb. Aufl.). Berlin: Springer Gabler.

German Accelerator Inc. (2015). *German Accelerator.* Zugriff am 11.08.2015. Verfügbar unter http://germanaccelerator.com/

Gläser, J. & Laudel, G. (2010). *Experteninterviews und qualitative Inhaltsanalyse. Als Instrumente rekonstruierender Untersuchungen* (4. Aufl.). Wiesbaden: VS Verlag für Sozialwissenschaften.

Grabherr, O. (2001). Risikokapitalinstrumente im unternehmerischen Wachstumszyklus. In W. Stadler (Hrsg.), *Venture Capital und Private Equity. Erfolgreich wachsen mit Beteiligungskapital* (S. 29-42). Köln: Fachverlag Deutscher Wirtschaftsdienst.

Grönroos, C. (1994a). From Marketing Mix to Relationship Marketing: Towards a Paradigm Shift in Marketing. *Management Decision, 32*(2), 4-20.

Grönroos, C. (1994b). Quo Vadis, Marketing? Toward a Relationship Marketing Paradigm. *Journal of Marketing Management, 10*(5), 347-360.

Grönroos, C. (2000). Creating a Relationship Dialogue: Communication, Interaction and Value. *The Marketing Review, 1*(1), 5-14.

Gruber, M. (2004). Marketing in New Ventures: Theory and Empirical Evidence. *Schmalenbach Business Review, 56*(2), 164-199.

Grunig, J. E. (1989). Symmetrical Presuppositions as a Framework for Public Relations Theory. In C. H. Botan & V. Hazleton (Hrsg.), *Public Relations Theory* (S. 17-44). Hillsdale, NJ: Lawrence Erlbaum.

Grunig, J. E. (1992). Communication, Public Relations, and Effective Organizations: An Overview of the Book. In J. E. Grunig, D. M. Dozier, W. P. Ehling, L. A. Grunig, F. C. Repper & J. White (Hrsg.), *Excellence in Public Relations and Communication Management* (S. 1-28). Hillsdale, NJ: Lawrence Erlbaum.

Grunig, J. E. & Grunig, L. A. (1992). Models of Public Relations and Communication. In J. E. Grunig, D. M. Dozier, W. P. Ehling, L. A. Grunig, F. C. Repper & J. White (Hrsg.), *Excellence in Public Relations and Communication Management* (S. 285-325). Hillsdale, NJ: Lawrence Erlbaum.

Grunig, J. E. & Grunig, L. A. (2008). Excellence Theory in Public Relations: Past, Present, and Future. In A. Zerfaß, B. van Ruler & K. Sriramesh (Hrsg.), *Public Relations Research. European and International Perspectives and Innovations* (S. 327-347). Wiesbaden: VS Verlag für Sozialwissenschaften.

Grunig, J. E., Grunig, L. A., Sriramesh, K., Huang, Y.-H. & Lyra, A. (1995). Models of Public Relations in an International Setting. *Journal of Public Relations Research, 7*(3), 163-186.

Grunig, J. E. & Hunt, T. (1984). *Managing Public Relations.* New York: Holt, Rinehart and Winston.

Gummesson, E. (2002). Relationship Marketing in the New Economy. *Journal of Relationship Marketing, 1*(1), 37-57.

Hahn, C. (Hrsg.). (2014a). *Finanzierung und Besteuerung von Start-up-Unternehmen. Praxisbuch für erfolgreiche Gründer.* Wiesbaden: Springer Gabler.

Hahn, C. (2014b). Finanzierungsstruktur. In C. Hahn (Hrsg.), *Finanzierung und Besteuerung von Start-up-Unternehmen. Praxisbuch für erfolgreiche Gründer* (S. 33-42). Wiesbaden: Springer Gabler.

Hahn, C. & Naumann, D. (2014). Start-up-Phase. In C. Hahn (Hrsg.), *Finanzierung und Besteuerung von Start-up-Unternehmen. Praxisbuch für erfolgreiche Gründer* (S. 127-197). Wiesbaden: Springer Gabler.

Hallahan, K. (1992). *Toward a Typology of Organizational Relationships between Public Relations and Marketing*. Vortrag präsentiert auf der Konferenz der Association for Education in Journalism and Mass Communication, Montréal.

Hans, T. & Hüser, T. (2001). *Public Relations für Start-ups. Unternehmenskommunikation für Gründer*. Stuttgart: Schäffer-Poeschel.

Hegemann, L. (2014, 27. August). Die Maschen der Samwer-Brüder. *Handelsblatt [Online]*, S. 1-8. Zugriff am 16.07.2015. Verfügbar unter http://www.handelsblatt.com/finanzen/maerkte/ipo/rocket-internet-die-maschen-der-samwer-brueder/10611654.html

Hochgesand, A. (2002). Venture Capital. In U. Hommel & T. C. Knecht (Hrsg.), *Wertorientiertes Start-up-Management. Grundlagen, Konzepte, Strategien* (S. 370-395). München: Vahlen.

Hollensen, S. & Opresnik, M. O. (2010). *Marketing. A Relationship Perspective*. München: Franz Vahlen.

Hommel, U. & Knecht, T. C. (2002a). Marktwertorientierte Entwicklung von Start-up-Unternehmen. In U. Hommel & T. C. Knecht (Hrsg.), *Wertorientiertes Start-up-Management. Grundlagen, Konzepte, Strategien* (S. 1-20). München: Vahlen.

Hommel, U. & Knecht, T. C. (Hrsg.). (2002b). *Wertorientiertes Start-up-Management. Grundlagen, Konzepte, Strategien*. München: Vahlen.

Huck, S. (2004). *Public Relations ohne Grenzen? Eine explorative Analyse der Beziehung zwischen Kultur und Öffentlichkeitsarbeit von Unternehmen*. Wiesbaden: VS Verlag für Sozialwissenschaften.

Hutton, J. G. (1996). Integrated Marketing Communications and the Evolution of Marketing Thought. *Journal of Business Research, 37*(3), 155-162.

Janik, A. (2002). *Investor Relations in der Unternehmenskommunikation. Kommunikationswissenschaftliche Analysen und Handlungsempfehlungen*. Wiesbaden: Springer.

Joainig, M. (2014). *Dienstleister in der integrierten Unternehmenskommunikation. Eine Analyse österreichischer Kommunikationsagenturen*. Wiesbaden: Springer VS.

Kariv, D. (2013). Start-Up and Small Business Life. In E. G. Carayannis (Hrsg.), *Encyclopedia of Creativity, Invention, Innovation and Entrepreneurship* (S. 1734-1742). New York: Springer.

Kirchhoff, K. R. & Piwinger, M. (2014). Kommunikation mit Kapitalgebern: Grundlagen der Investor Relations. In A. Zerfaß & M. Piwinger (Hrsg.), *Handbuch Unternehmenskommunikation. Strategie – Management – Wertschöpfung* (2., vollst. überarb. Aufl., S. 1079-1098). Wiesbaden: Springer Gabler.

Kirchner, K. (2001). *Integrierte Unternehmenskommunikation. Theoretische und empirische Bestandsaufnahme und eine Analyse amerikanischer Großunternehmen*. Wiesbaden: Westdeutscher Verlag.

Klandt, H. (2006). *Gründungsmanagement: Der Integrierte Unternehmensplan* (2. Aufl.). München: Oldenbourg.

Knecht, T. C. (2002). Erfolgsfaktoren, Investitionskriterien und Werttreiber. In U. Hommel & T. C. Knecht (Hrsg.), *Wertorientiertes Start-up-Management. Grundlagen, Konzepte, Strategien* (S. 104-126). München: Vahlen.

Kotler, P., Armstrong, G., Wong, V. & Saunders, J. (2011). *Grundlagen des Marketing* (5., aktual. Aufl.). München: Pearson Studium.

Kotler, P., Keller, K. L. & Opresnik, M. O. (2015). *Marketing-Management. Konzepte – Instrumente – Unternehmensfallstudien* (14., aktual. Aufl.). Hallbergmoos: Pearson Studium.

Kotler, P. & Mindak, W. (1978). Marketing and Public Relations. Should they be partners or rivals? *Journal of Marketing, 42*(4), 13-20.

Lamnek, S. (2010). *Qualitative Sozialforschung. Lehrbuch* (5., überarb. Aufl.). Weinheim: Beltz.

Laube, G. L. (1986). *Betriebsgrößenspezifische Aspekte der Public Relations. Eine vergleichende theoretische und empirische Analyse der Public Relations in mittelständischen Unternehmungen und Großunternehmungen.* Frankfurt am Main: Peter Lang.

Liebold, R. & Trinczek, R. (2009). Experteninterview. In S. Kühl, P. Strodtholz & A. Taffertshofer (Hrsg.), *Handbuch Methoden der Organisationsforschung. Quantitative und qualitative Methoden* (S. 32-56). Wiesbaden: VS Verlag für Sozialwissenschaften.

Lies, J. (2008a). Corporate Communications und Marketing-Kommunikation. In J. Lies (Hrsg.), *Public Relations. Ein Handbuch* (S. 50-55). Konstanz: UVK.

Lies, J. (2008b). PR-Theorien: Funktionalistische Ansätze – Bruhn. In J. Lies (Hrsg.), *Public Relations. Ein Handbuch* (S. 441-444). Konstanz: UVK.

Lindberg-Repo, K. & Grönroos, C. (2004). Conceptualising communications strategy from a relational perspective. *Industrial Marketing Management, 33*(3), 229-239.

Lingelbach, D., Patino, A. & Pitta, D. A. (2012). The emergence of marketing in Millennial new ventures. *Journal of Consumer Marketing, 29*(2), 136-145.

Ludwig-Maximilians-Universität München. (2015). *Über uns.* Zugriff am 14.08.2015. Verfügbar unter http://www.entrepreneurship-center.uni-muenchen.de/ueber_das_center/index.html

Mast, C. (2005). Innovationen als Herausforderung für die Unternehmenskommunikation. In C. Mast & A. Zerfaß (Hrsg.), *Neue Ideen erfolgreich durchsetzen. Das Handbuch der Innovationskommunikation* (S. 43-57). Frankfurt am Main: Frankfurter Allgemeine Buch.

Mast, C. (2013). *Unternehmenskommunikation. Ein Leitfaden* (5., überarb. Aufl.). Konstanz: UVK.

Mast, C., Huck, S. & Güller, K. (2005). *Kundenkommunikation. Ein Leitfaden.* Stuttgart: Lucius & Lucius.

Mayring, P. (2002). *Einführung in die qualitative Sozialforschung. Eine Anleitung zu qualitativem Denken* (5., überarb. u. neu ausgestattete Aufl.). Weinheim: Beltz.

Mayring, P. & Fenzl, T. (2014). Qualitative Inhaltsanalyse. In N. Baur & J. Blasius (Hrsg.), *Handbuch Methoden der empirischen Sozialforschung* (S. 543-556). Wiesbaden: Springer VS.

McCarthy, J. E. (1960). *Basic Marketing: A Managerial Approach.* Homewood, Illinois: Richard D. Irwin.

McDougall, P. P., Oviatt, B. M. & Shrader, R. C. (2003). A Comparison of International and Domestic New Ventures. *Journal of International Entrepreneurship, 1*(1), 59-82.

Meffert, H., Burmann, C. & Kirchgeorg, M. (2015). *Marketing. Grundlagen marktorientierter Unternehmensführung. Konzepte – Instrumente – Praxisbeispiele* (12., überarb. u. aktual. Aufl.). Wiesbaden: Springer.

Merten, K. (2000). *Das Handwörterbuch der PR. A-Q.* (Bd. 1). Frankfurt am Main: F.A.Z.-Institut für Management-, Markt- und Medieninformationen.

Metzger, G. (KfW Bankengruppe, Hrsg.). (2015). *KfW-Gründungsmonitor 2015.* Zugriff am 17.07.2015. Verfügbar unter https://www.kfw.de/PDF/Download-Center/Konzernthemen/Research/PDF-Dokumente-Gr%C3%BCndungsmonitor/Gr%C3%BCndungsmonitor-2015.pdf

Meyen, M., Löblich, M., Pfaff-Rüdiger, S. & Riesmeyer, C. (2011). *Qualitative Forschung in der Kommunikationswissenschaft. Eine praxisorientierte Einführung*. Wiesbaden: VS Verlag für Sozialwissenschaften.

Nathusius, K. (2001). *Grundlagen der Gründungsfinanzierung. Instrumente – Prozesse – Beispiele*. Wiesbaden: Gabler.

Neuen, D. (2013). "Wir sind angriffslustig". *PR-Magazin, 44*(2), 16-17.

Petrison, L. A. & Wang, P. (1993). From Relationships to Relationship Marketing: Applying Database Technology to Public Relations. *Public Relations Review, 19*(3), 235-245.

Pflaum, D. & Linxweiler, R. (1998). *Public Relations der Unternehmung*. Landsberg/Lech: Moderne Industrie.

Ravald, A. & Grönroos, C. (1996). The value concept and relationship marketing. *European Journal of Marketing, 30*(2), 19-30.

Riemer, K. (2008). Konzepte des Beziehungsmanagements am Beispiel von Supplier und Customer Relationships. *HMD Praxis der Wirtschaftsinformatik, 45*(1), 7-20.

Ripsas, S. & Tröger, S. (KPMG in Deutschland, Hrsg.). (2014). *Deutscher Startup Monitor*. Zugriff am 31.07.2015. Verfügbar unter http://deutscherstartupmonitor.de/fileadmin/dsm/dsm-14/DSM_2014.pdf

Rolke, L. & Zerfaß, A. (2014). Erfolgsmessung und Controlling der Unternehmenskommunikation: Wertbeitrag, Bezugsrahmen und Vorgehensweisen. In A. Zerfaß & M. Piwinger (Hrsg.), *Handbuch Unternehmenskommunikation. Strategie – Management – Wertschöpfung* (2., vollst. überarb. Aufl., S. 863-885). Wiesbaden: Springer Gabler.

Röttger, U. (2008). Aufgabenfelder. In G. Bentele, R. Fröhlich & P. Szyszka (Hrsg.), *Handbuch der Public Relations. Wissenschaftliche Grundlagen und berufliches Handeln. Mit Lexikon* (2., korr. u. erw. Aufl., S. 501-510). Wiesbaden: VS Verlag für Sozialwissenschaften.

Röttger, U. (2009). Welche Theorien für welche PR? In U. Röttger (Hrsg.), *Theorien der Public Relations. Grundlagen und Perspektiven der PR-Forschung* (2., aktual. u. erw. Aufl., S. 9-25). Wiesbaden: VS Verlag für Sozialwissenschaften.

Röttger, U. (2010). *Public Relations – Organisation und Profession. Öffentlichkeitsarbeit als Organisationsfunktion. Eine Berufsfeldstudie* (2. Aufl.). Wiesbaden: VS Verlag für Sozialwissenschaften.

Röttger, U., Preusse, J. & Schmitt, J. (2014). *Grundlagen der Public Relations. Eine kommunikationswissenschaftliche Einführung* (2., aktual. Aufl.). Wiesbaden: Springer VS.

Schefczyk, M. & Pankotsch, F. (2002). Theoretische und empirische Implikationen wachstumsstarker Start-ups – Stand der Forschung. In U. Hommel & T. C. Knecht (Hrsg.), *Wertorientiertes Start-up-Management. Grundlagen, Konzepte, Strategien* (S. 21-38). München: Vahlen.

Schefczyk, M. & Pankotsch, F. (2003). *Betriebswirtschaftslehre junger Unternehmen*. Stuttgart: Schäffer-Poeschel.

Schmidt, C. (2012). Analyse von Leitfadeninterviews. In U. Flick, E. von Kardorff & I. Steinke (Hrsg.), *Qualitative Forschung. Ein Handbuch* (9. Aufl., S. 447-456). Reinbek bei Hamburg: Rowohlt.

Schmidt, F. (2008). *Wachstum technologieorientierter Jungunternehmen. Erfolgswirksame Gestaltung durch gezieltes Ressourcenmanagement*. Wiesbaden: Gabler.

Schnell, R., Hill, P. B. & Esser, E. (2013). *Methoden der empirischen Sozialforschung* (10., überarb. Aufl.). München: Oldenbourg.

Schütte, D. (2011). *Mittelstands-PR in Deutschland. Eine Studie zur Kommunikationsarbeit mittelständischer Unternehmen*. Konstanz: UVK.

Signitzer, B. (2013). Theorie der Public Relations. In F. Rest, A. Spatzier & S. Wehmeier (Hrsg.), *Benno Signitzer. Von erlebbarem Wissen und Verwissenschaftlichung* (S. 91-114). Wiesbaden: Springer VS.

Springer Gabler Verlag (Hrsg.). (2015a). *Gabler Wirtschaftslexikon. Stichwort: Lead-Generierung*. Zugriff am 02.07.2015. Verfügbar unter http://wirtschaftslexikon.gabler.de/Archiv/326737/lead-generierung-v4.html

Springer Gabler Verlag (Hrsg.). (2015b). *Gabler Wirtschaftslexikon. Stichwort: New Economy*. Zugriff am 12.08.2015. Verfügbar unter http://wirtschaftslexikon.gabler.de/Archiv/12194/new-economy-v6.html

Stein, P. (2014). Forschungsdesigns für quantitative Sozialforschung. In N. Baur & J. Blasius (Hrsg.), *Handbuch Methoden der empirischen Sozialforschung* (S. 135-151). Wiesbaden: Springer VS.

Süss, W., Zerfaß, A. & Dühring, L. (2011). *Corporate Branding im Spannungsfeld von Unternehmens- und Marketingkommunikation. Grundlagen, Fallstudien und empirische Erkenntnisse in Commodity-Branchen*. Wiesbaden: Gabler.

Szyperski, N. & Nathusius, K. (1977). *Probleme der Unternehmungsgründung. Eine betriebswirtschaftliche Analyse unternehmerischer Startbedingungen*. Stuttgart: J. B. Metzlersche Verlagsbuchhandlung.

Verhoeven, P., Tench, R., Zerfaß, A., Moreno, A. & Verčič, D. (2012). How European PR practitioners handle digital and social media. *Public Relations Review, 38*(1), 162-164.

Volkmann, C. K., Tokarski, K. O. & Grünhagen, M. (2010). *Entrepreneurship in a European Perspective. Concepts for the Creation and Growth of New Ventures*. Wiesbaden: Gabler.

Voss, K. (2007). *Öffentlichkeitsarbeit von Nichtregierungsorganisationen. Mittel – Ziele – interne Strukturen*. Wiesbaden: VS Verlag für Sozialwissenschaften.

Weiguny, B. (2015, 12. Januar). Keine Zeit für Spätzünder. Firmengründungen vom Fließband. *Frankfurter Allgemeine Zeitung [Online]*, S. 1-3. Zugriff am 16.07.2015. Verfügbar unter http://www.faz.net/aktuell/beruf-chance/firmengruendungen-vom-fliessband-keine-zeit-fuer-spaetzuender-13352042.html

Welker, M. & Zerfaß, A. (2008). Einleitung: Social Web in Journalismus, Politik und Wirtschaft. In A. Zerfaß, M. Welker & J. Schmidt (Hrsg.), *Kommunikation, Partizipation und Wirkungen im Social Web. Strategien und Anwendungen: Perspektiven für Wirtschaft, Politik und Publizistik* (S. 12-18). Köln: Herbert von Halem.

Witt, P. (2002). Investor Relations. In U. Hommel & T. C. Knecht (Hrsg.), *Wertorientiertes Start-up-Management. Grundlagen, Konzepte, Strategien* (S. 508-525). München: Vahlen.

Zerfaß, A. (2005). Innovationsmanagement und Innovationskommunikation: Erfolgsfaktor für Unternehmen und Region. In C. Mast & A. Zerfaß (Hrsg.), *Neue Ideen erfolgreich durchsetzen. Das Handbuch der Innovationskommunikation* (S. 16-42). Frankfurt am Main: Frankfurter Allgemeine Buch.

Zerfaß, A. (2010). *Unternehmensführung und Öffentlichkeitsarbeit. Grundlegung einer Theorie der Unternehmenskommunikation und Public Relations* (3., aktual. Aufl.). Wiesbaden: VS Verlag für Sozialwissenschaften.

Zerfaß, A. (2014). Unternehmenskommunikation und Kommunikationsmanagement. Strategie, Management und Controlling. In A. Zerfaß & M. Piwinger (Hrsg.), *Handbuch Unternehmenskommunikation. Strategie – Management – Wertschöpfung* (2., vollst. überarb. Aufl., S. 21-79). Wiesbaden: Springer Gabler.

Zerfaß, A., Fink, S. & Winkler, L. (Universität Leipzig & Fink & Fuchs Public Relations AG, Hrsg.). (2015). *Mittelstandskommunikation 2015 – Studie zum Stellenwert und Einsatz von Unternehmenskommunikation im deutschen Mittelstand.* Verfügbar unter http://www.ffpr.de/newsroom/wp-content/uploads/2015/05/Studie-Mittelstandskommunikation-2015-Ergebnisbericht.pdf

Zerfaß, A. & Köhler, K. (2012). Investor Relations: Online-Kommunikation mit Analysten und Anlegern. In A. Zerfaß & T. Pleil (Hrsg.), *Handbuch Online-PR. Strategische Kommunikation in Internet und Social Web* (S. 147-160). Konstanz: UVK.

Zerfaß, A. & Piwinger, M. (2014). Unternehmenskommunikation als Werttreiber und Erfolgsfaktor. In A. Zerfaß & M. Piwinger (Hrsg.), *Handbuch Unternehmenskommunikation. Strategie – Management – Wertschöpfung* (2., vollst. überarb. Aufl., S. 1-18). Wiesbaden: Springer Gabler.

Anhang

Anhang A: Übersicht über die Kommunikationsmaßnahmen der Startups

U1	**Zuordnung zu Marketingkommunikation**: Suchmaschinenmarketing, Werbemaßnahmen auf Facebook, Betreiben einer Facebook-Fanpage (inklusive Gewinnspiele), E-Mail-Marketing, Newsletter, Website mit Landingpages, Linkpartnerschaften, Advertorials, Messen
	Zuordnung zu PR: /
	Keine Zuordnung: Geschäftsberichte, Investoren-Pitches
U2	**Zuordnung zu Marketingkommunikation**: persönliche Gespräche, Mobile-Notifications, E-Mail-Marketing, Newsletter, App-Marketing, TV-Werbung, Suchmaschinenmarketing, Social-Media (Facebook-Fanpage, Instagram, Twitter)
	Zuordnung zu PR: Pressemitteilungen, Generieren von TV-Beiträgen, Generieren von Veröffentlichungen/Artikeln (online und offline), Kooperationen mit Bloggern und Magazinen, Events (Journalisten-Brunches)
	Keine Zuordnung: Website/Marke an sich (wird als eigener Bereich gesehen), Investoren-Pitches
U3	**Zuordnung zu Marketingkommunikation**: Suchmaschinenmarketing, Newsletter
	Zuordnung zu PR: Pressemitteilungen, Generieren von Veröffentlichungen/Artikeln
	Keine Zuordnung bzw. Zuordnung zu beiden Bereichen: Broschüren, Flyer, Mailings, Website (mit Landingpages), Blog, Geschäftsberichte, Investoren-Pitches
U4	**Zuordnung zu Marketingkommunikation**: Werbung (v.a. Google AdWords), persönliche Kommunikation, Suchmaschinenmarketing
	Zuordnung zu PR: Pressemitteilungen (bisher eine), Generieren von Veröffentlichungen/Artikeln (online), persönliche Kommunikation, Vorträge (wird aktuell nicht durchgeführt)
	Keine Zuordnung: Website (mit Landingpages), Blog (selten genutzt), Investoren-Pitches
U5	**Zuordnung zu Marketingkommunikation**: Suchmaschinenmarketing, Website (mit Landingpages), Whitepaper, Social-Media-Marketing (Facebook-Fanpage, Twitter-Kanal, YouTube-Kanal, Google+-Account, Blog), Content-Marketing (Kuratieren von Inhalten), Facebook-Anzeigen (geplant), Google AdWords-Anzeigen (geplant)
	Zuordnung zu PR: Pressemitteilungen (aus SEO-Gründen), Besuch von Messen und Kongressen
	Keine Zuordnung: Broschüren (online), Flyer

Tabelle 12 (12.1): Überblick über Kommunikationsmaßnahmen und deren Zuteilung zu verschiedenen Kommunikationsbereichen durch die Befragten

Quelle: eigene Darstellung

U6	**Zuordnung zu Marketingkommunikation**: Messestände, Facebook-Fanpage, Werbung über Google AdWords, Remarketing
	Zuordnung zu PR: Presseinformationen, Vorträge (reaktiv), Generieren von Veröffentlichungen/Artikeln (reaktiv)
	Keine Zuordnung: Website, Investoren-Pitches
	Zuordnung zu Vertriebskommunikation: Flyer, Broschüren
U7	**Zuordnung zu Marketingkommunikation**: Werbung (u.a. Google AdWords; untergeordnet)
	Zuordnung zu PR: Generieren von Veröffentlichungen/Artikeln (online und offline), Generieren von TV-Beiträgen, Pressemitteilungen, Journalistengespräche
	Keine Zuordnung: Vorträge, Umfragen, Broschüren, Website, Social Media (Facebook-Fanpage: geringe Relevanz), Newsletter, E-Mails, Blog, Investoren-Pitches
U8	**Zuordnung zu Marketingkommunikation**: Werbung (Google AdWords; selten)
	Zuordnung zu PR: Pressemitteilungen, Pressemappen, Pflege von Pressekontakten, Generieren von Veröffentlichungen/Artikeln (online, offline), Social Media
	Keine Zuordnung: Website, Flyer, Veranstaltungen (Vernissagen), Advertorials, Investoren-Pitches
U9	**Zuordnung zu Marketingkommunikation**: Social-Media-Marketing (Facebook-Fanpage, Twitter-Kanal), Werbung (Google AdWords)
	Zuordnung zu PR: Pressemitteilungen, (Pseudo/PR-)Events, Generieren von TV-Beiträgen, persönliche Gespräche mit Journalisten
	Keine Zuordnung: Website, Newsletter, Messen, Product-Placement, Geschäftsberichte, Investoren-Pitches
U10	**Zuordnung zu Marketingkommunikation**: Corporate PR (Investoren-Pitches, Präsentationen, Geschäftsberichte; aber zugehörig zu Marketingkommunikation), Social-Media-Marketing (Facebook-Fanpage, Pinterest-Account, Instagram-Account, Facebook-Werbung), Newsletter
	Zuordnung zu PR: Pressemitteilungen (geplant), Generieren von Veröffentlichungen/Artikeln (momentan weniger relevant), (Pseudo/PR-)Events
	Keine Zuordnung: /

Tabelle 12 (12.2): Überblick über Kommunikationsmaßnahmen und deren Zuteilung zu verschiedenen Kommunikationsbereichen durch die Befragten

Quelle: eigene Darstellung

Anhang B: Interviewleitfaden

Der Interviewleitfaden ist abrufbar unter www.nomos-shop.de/27843

Anhang C: Kategoriensystem für die Auswertung der Interviews

Das Kategoriensystem ist abrufbar unter www.nomos-shop.de/27843